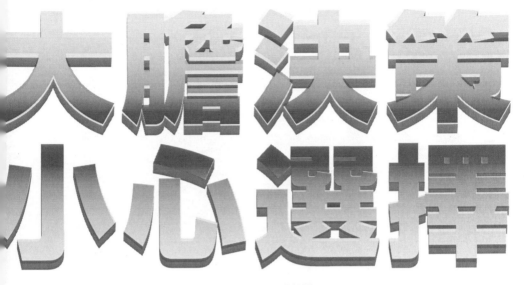

# Daring Intelligence Quotient

# 大膽決策
# 小心選擇

溫亞凡，楚風 編著

到底要 A 還是 B？別人都在做我該不該跟上？一本書帶你提高「膽商」、擺脫選擇困難，從此人生高效率！

**先別管人生勝利組了，你有聽過「膽商」（DQ）嗎？**

擁有絕佳資質，卻無法為自己做決定，到頭來還是一場空；

行動派沒有經過一番冷靜思索，也可能弄得滿盤皆輸！

贏在起跑點上，你就真的占盡先機了嗎？

# 目錄

# 目錄

# 目錄

# 第十章　一個好漢三個幫，誰是那些幫你的人

# 第十一章　喜怒哀樂，好心情緣自選擇

# 目錄 ————————————————

## 第十二章　選擇錯了怎麼辦

# 前言

　　獲取成功的路徑很多，但適合你走的路或給予你的機會和時間卻非常少。所以說，選擇是一個人成敗的關鍵。

　　向左走？向右走？……人生的地圖上，處處是十字路口。你每一個選擇都是在為自己種下一顆命運的種子。一步走對了，又一步走對了，無數大大小小的選擇走對了，你才能品嘗到成功與喜悅的甘甜果實。

　　在美國歷史上享有極高聲譽的林肯總統，非常重視選擇在人生中的重要性。他曾說：所謂聰明的人，就在於懂得如何選擇。林肯就是個懂得如何選擇的人，在南北戰爭中一度處於劣勢的時候，他仍堅定地選擇了「為爭取自由和廢除奴隸制而戰鬥」的道路，終於成就一番豐功偉業。

　　得益於選擇了正確道路而取得輝煌成就的人還有很多，如司馬遷、魯迅、比爾蓋茲。我們可以設想一下，假如司馬遷在死刑和宮刑之間沒有選擇最令男人受辱的宮刑並忍辱負重地活著，假如魯迅捨不得放棄醫學，假如比爾蓋茲選擇了拿哈佛的鍍金文憑……那些彪炳千秋的輝煌還會由他們來譜寫嗎？

　　種瓜得瓜，種豆得豆；人生成敗，源於選擇。選擇是如此重要，做出正確的選擇又是如此困難：變數太大、誘惑太多、難度太高……然而正是因為做正確選擇之難，才會有成功與失

# 前言 ───────

敗的分野。偉大與平庸之間,經常只因選擇,而差之毫釐,失
之千里。只有那些迎難而上的勇士與智者,才會從庸人當中脫
穎而出。正如偉大的佛陀所言:一部分人站在河那邊,大部分
人站在河這邊跑上又跑下。那些在河這邊跑上又跑下的人,像
動物般被環境制約而不自知,這就彷彿一個人被關在某處,口
袋裡雖有鑰匙,卻不會用鑰匙開門,因為他們不知道口袋裡有
鑰匙。其實,上天在賦予人類和動物一樣的生命與適應環境以
求生存的本能之外,還多給了人類一把萬能鑰匙:那就是運用
智慧來選擇行動的自由。人為「萬物之靈」,「靈」就「靈」
在人有別於其他生命──人具有自由選擇的莫大潛能。

　　遙想兩千多年前,豪氣干雲的凱撒大帝在一舉擊潰法納西
斯二世的軍隊時,給朋友的捷報只用了三個音節簡練、音響鏗
鏘的拉丁詞「Veni,Vidi,Vici」,翻譯成中文就是:我來,我
見,我征服。這個簡潔有力並且押韻的語句,表明了凱撒身為
人生強者的滿腔豪氣。在此,編者借用凱撒大帝那句膾炙人口
的名言,稍作改動,作為本書前言的結束語,兼與各位讀者共
勉──我來了,我選擇了,我贏了!

編者

# 第一章

## 站在人生的十字路口

# 人生之路是一條選擇之旅

　　人的一生，只有一件事不能由自己選擇──就是自己的出身。其他所發生的一切，皆是由自己選擇而來。

　　人生不過是一連串選擇的過程，從你早上起來要穿哪套衣服出門開始，你在選擇；中午要去哪裡吃飯，你又在選擇；女孩子有眾多追求者，在考慮結婚的時候，到底是哪位男士比較適合自己？要選擇；男生找工作時要從多家大企業中選擇。以上我所說的選擇有大有小，但每日、每月所有的選擇累積起來，便影響了你人生的結果。

　　一個選擇對了，又一個選擇對了，不斷地做出正確的選擇，到最後便產生了成功的結果。一個選擇錯了，又一個選擇錯了，不斷地做出錯誤的選擇，到最後便產生了失敗的結果。若想有個成功的人生，我們必須降低錯誤選擇的機率，減少做錯誤選擇的風險。這就必須預先明確你人生中想要的結果是什麼？明確你人生想要的結果是什麼──這本身又是一個選擇。

　　怎樣的選擇決定怎樣的生活。今天的生活是由三年前我們的選擇決定的，而今天我們的選擇將決定我們三年後的生活。我們要選擇接觸最新的資訊，了解最新的趨勢，從而更有能力創造自己的未來。要知道，我們的人生只有三天，昨天、今天、明天。你的今天是你的昨天決定的，你的明天將由你的今天來決定。

　　昨天的日子，我們過得太正常了。我們和大部分人一樣，過著正常的、沒有追求的生活。因為太正常了，心態一直是消極的、失敗的。大部分人只要手裡有個飯碗，哪怕是個破碗、泥碗，哪怕碗裡只有一口粥、一口湯，我們都捨不得、也沒有勇氣把它扔掉。因為我們依賴於在習慣的環境裡過日子。人在習慣中死亡，在不習慣中生存！

　　我們每個人的生活圈是個小世界，在我們生活的小圈子裡，你總會發現，為什麼有些人不管大事小事，總是比較容易獲得成功。他們賺更多的錢，過高品質的生活，有健康的身體和良好的人際關係。而更多的人忙忙碌碌，卻只能維持生計。他們的差別究竟在哪裡呢？

　　不是智力上的差別，人在智力上是有差別，但差別很小，智力高超和智力低下的都占極少數，不到3%。不是學歷上的差別，學歷只是對書本知識的一種認可，與成功沒有直接關係。情況往往是，書本知識學得越好的人，越喜歡替別人工作。學校的老師和教授，無法教你當老闆的方法，無法教你做百萬富翁。如果他們能教你做百萬富翁，那他們自己早就是百萬富翁、千萬富翁了。就像一個上班族，永遠也沒資格去教一個百萬富翁該如何賺錢，因為他沒有這種經歷和經驗。

　　有什麼樣的選擇就會得到什麼樣的結果。有選擇就有改變。每個人都有自己的缺點和優點，短處和長處。只有經過不斷學習和改變，才能使自己變成一個出色的、專業的人。改變

# 第一章　站在人生的十字路口

從自身開始，不要試圖改變別人，在改變的過程中，我們首先要戰勝的就是我們自己。改掉壞習慣，養成好習慣，這是個至關重要的問題。

在你的人生中，因為沒有做出正確選擇，你曾經錯失多少獲得成功的機會。如果你可以洞悉未來，你願意付出什麼代價？如果你能預見未來，你又能否把握機會？有什麼股票你該賣卻沒賣？有什麼商品你該買卻沒買？有什麼機會你該把握而又錯失？你一生中又能遇到多少機會呢？這個時代可能是你最後的機會，你要格外留神。

每十年就會有些契合時代的偉大商機出現。1980 年代下海經商，1990 年代炒股票，在那個年代把握住機會的，有不少已成為百萬富翁。在未來幾年中，也一定會出現這樣的機會！你一定要留心你的選擇。

人生之旅是由一連串選擇組成，不同的選擇造就不同的結果。我們今天的家庭、事業、成就、人際關係……無一不是我們一連串選擇後的結果。

# 這究竟是誰的人生

人生旅途中的一步步跨越，就是一連串的選擇。

用選擇開始我們的每一天，這樣我們才能過個明明白白而非昏昏沉沉的一天。誠如美國公理會牧師畢亨利（Henry Ward Beecner）所說：「上帝並沒有問我們要不要來到人世間，我們只能接受而無從選擇。我們唯一可以做的選擇是：決定如何活著。」

每個人都擁有潛力去追求更大的成功，都有能力在自我發展及自我成就上突飛猛進，而了解選擇並做出正確的選擇，就是這一切的起點。

不論人們明不明白，如果我們覺得只能庸庸碌碌、隨波逐流，這都是選擇的結果：是我們選擇接受將要來臨的事、選擇讓它發生、選擇為安定而犧牲理想、選擇讓別人為自己打算、選擇只是日復一日地活著。

我們腦中通常都有個錯誤的印象，認為人生是籠罩在一團巨大的必須之下：人必須念書、必須工作、必須誠實、必須整潔、必須守法、必須成功、必須做許多其他等等的事。事實上，沒有任何人必須去做任何事；而是你選擇「要」而且最好是「一定要」做你想做的事。

《齊瓦哥醫生》的作者巴斯特納克說得好：「人乃為活而生，非為生而生。」

# 第一章　站在人生的十字路口

我們擁有比想像中更多的選擇，關鍵在於：要知道每一天我們都在做抉擇。

人們常會找一堆藉口來解釋自己為何放棄選擇的權利，譬如：錢不夠、沒有時間、情況不對、運氣很差、天氣不好、太疲倦、情緒不佳等。

許多人像動物般被環境制約而不自知，這就彷彿一個人被關在某處，口袋裡雖有鑰匙，卻不會用鑰匙開門，因為他不知道口袋裡放著鑰匙。

上天除了賦予人類跟動植物一樣的生命和適應環境以求生存的本能外，還多給了人類一把萬能的鑰匙：那就是運用智慧來選擇行動的自由。只有人類可以無中生有、創造發明、主宰萬物而號稱萬物之靈。

古哲老子也教我們重視做人的權利，他強調：「道大，天大，地大，人亦大，域中有四大，而人居其一焉。」

可以這麼認為，萬物之靈的「靈」及天賦人權的「權」，都是指人類有別於其他生物的這種可以自由選擇的莫大潛能。

由此可見，我們並不是依靠時、勢、機、緣、命、運而活，而是依靠抉擇而活。如同潛能大師安東尼‧羅賓所說：「在你做出決定的那一刻，就注定了人生的結果。」

人生中發生了什麼事，通常並不是成功與否的關鍵，你選擇怎麼看、選擇怎麼想、選擇怎麼做才是最重要的。

　　小莉和許多二十來歲的男孩女孩一樣，對自己未來的方向充滿疑慮。小莉是個來自農村的青春少女，白天在某公司上班，老闆和同事都對她不錯，但她得為自己的生涯抉擇：她想上大學。但以目前狀況來說，她得利用白天上補習班，可是老闆表明了「少不了她」，不希望她辭職，而她也捨不得這份薪水，所以她陷入「非常巨大的痛苦」之中。

　　你也許會覺得好笑，聽起來沒有「非常巨大的痛苦」啊。和我的反應一樣。你會覺得，她總要做選擇，一切都能解決的。你若是成年人，必然會想像我一樣告訴她：尊重你自己的人生決定，任何公司都像地球一樣，少了誰也不會停止運轉。但我們都不是真正的當事人，所以才能說得這麼輕鬆。

　　我們常因為別人看來「實在沒什麼大不了的事」而陷入非常巨大的痛苦中，連個小小的選擇與決定也使我們肝腸寸斷。

　　陷入混亂和痛苦是無法避免的，然而，一個對生命樂觀的人，會比悲觀的人早點做出決定，早點跳出混亂的漩渦。

　　這究竟是誰的人生？當自己多方考慮，覺得各有利弊而無法選擇，當周圍眾說紛紜使我難以決定時，我總會在騷亂暫時停止後，做個深呼吸，問自己這個問題，然後便能撥雲見日，看見未來的路就在腳下和我打招呼。我做過許許多多無人看好的選擇，只因為這是我的人生，我覺得這樣對我更好。

　　「該怎麼辦？問問你自己吧，你想怎麼樣呢？」對於身陷

困惑的人來說，我們唯一有用的幫助，是請他們找出自己的答案。對於連自己的意願都搞不清楚的人，任何幫助也只是越幫越忙而已。

很多人關心自己能否長命百歲，卻從未問過自己：這是誰的人生？難道要活到一百歲才問自己：「天哪！我是為誰而活？」

「走自己的路？聽我自己的就對了？萬一……走錯了怎麼辦？」建議一個人選擇自認對的那條路時，總會發現，他們並不信任自己。還有人曾直覺地回答：「聽從自己內心的聲音，也就是只要我喜歡，沒什麼不可以，那殺人放火怎麼辦？」

「你會去殺人放火嗎？」

「當然不會。」他又直覺地回答。「那你在擔心什麼？」我實在不理解，為什麼每個人的自信心都那麼低，總會邏輯滑坡，認為一放任自己，就會無惡不作。

我相信真正會去殺人放火的人，從來不曾清醒地問過自己：這究竟是誰要的人生？

如果那是你要的人生，凡走過的，就不會是冤枉路。永遠無法回答或面對這問題的人，就會像水母一樣，在無意識的一張一縮之間過完一生。

我終於問了自己這個問題：這究竟是誰的人生？當我無法回答這個問題時，我就曉得自己必須改變了。

# 命運的籃子裡裝的是什麼

人不能掌握命運，卻可以掌握選擇。無數選擇累積在一起時，就構成一個人的命運。這樣看來，每個人都是自己命運的編劇、導演和主角，我們有權利把自己的人生之戲編排得波瀾壯闊、精彩萬分，也有責任把自己的人生之戲導演得扣人心弦，更有義務把自己的人生之戲演繹得與人不同、卓爾不凡。我們擁有這偉大的權利 —— 選擇的權利。

我們不能選擇命運的籃子，但被放進命運之籃的內容卻是我們自己選的。

蘇格拉底曾經給他的學生出了道難題，讓他們每個人沿著一壟麥田向前走，不能回頭，並摘下一束麥穗，看能不能摘到最大最好的。

對蘇格拉底的這道考題，答案不外乎兩種：一是學生根據自己平時的經驗，先在心裡定下一個大概的標準，走過一半或三分之二的路程後，遇見差不多的便摘下來。也許這就是最好的，也許後面還有比這更好的，但不能好高騖遠，就這樣「認了」。另一種答案是一直往前走，總覺得前面會有更好的麥穗。這時要不是放棄選擇，寧缺毋濫，就是委屈自己，湊合摘一束，心裡卻萬分懊悔。

蘇格拉底的這道考題告訴我們，在追求目標時要掌握好選擇的分寸。我們在奮鬥和追求的過程中，應為自己定好座標，

## 第一章　站在人生的十字路口

全盤審視，當適宜自己發展時就要當機立斷，莫要遲疑，選出屬於自己的那束「麥穗」。千萬不要左挑右選，挑到眼花，挑到晃神，結果事與願違，高不成低不就。做選擇時離不開對自己的定位。只有志向明確，深思熟慮，選擇才可能正確，才有可能達到最佳效果。

眼界決定胸懷，思路決定出路，實踐決定實力。

## 走好關鍵的幾步

人生如棋。下棋的過程千迴百轉，人生也充滿無數轉折；棋路的風格恰如人生的風格，有人保守，有人急進，有人冷靜；棋的結局亦如人生的結局，有得意人，也有失意者……但也許最大的相似之處是：每一步棋都是一次選擇，人生亦是如此。下棋時有「一步錯，步步錯」、「一著不慎，全盤皆輸」的說法，而人生若在關鍵時刻選擇錯誤，也會造成終生難以彌補的遺憾。

正如作家柳青在《創業史》中所說：「人生的道路是很漫長的，但要緊處常常只有幾步。」其實，人生中最關鍵的只有幾步，如果每一步都比別人強一點點，哪怕只有10％、20％，那麼幾步下來，你的綜合競爭力和人力資本將是別人的兩倍。這兩倍的優勢，將給你帶來幾十甚至上百倍優於他人的回報。這就是微小相對優勢，在充分競爭的現代社會中的放大效應。

　　人生旅途的關鍵幾步怎麼走，決定了一個人最終是偉大還是平庸；是幸福還是痛苦……進一步說，一些個人的選擇，還將對社會、對歷史產生巨大的影響。我們可以設想一下，如果司馬遷遭受宮刑後不甘屈辱而選擇以死抗爭，如果比爾蓋茲在感覺到巨大的歷史機遇時選擇為拿文憑而繼續哈佛的學業，那麼，世上缺少的恐怕就不僅僅是一個歷史學家和一個億萬富翁了。我們也可以設想，許多本來可以成為傑出人物的人，由於做出錯誤選擇而變得默默無聞。

　　走好關鍵的幾步，或者說做出人生的正確選擇，並不是件容易的事。我們在事後評價別人，尤其是傑出人物的錯誤選擇時，往往替他們惋惜：多簡單的事，他們居然……唉。其實，無論什麼人，包括那些絕對正確的事後諸葛，當他們面臨選擇，尤其是重大選擇時，往往都會感到無所適從。由於因素太多，誘惑太多，困難太多，未知數太多。尤其是人們還年輕，知識累積、人生閱歷都還很有限的時候，當他們的眼界還沒打開的時候。

　　決定一個人的一生以及整個命運的，往往只是一瞬間。

# 選擇不對，努力白費

常常有人訴苦：我很努力地去做，但幸運之神總是不眷顧我，我才不得不生活在平庸之中。

是的，也許你真的足夠努力。但你應該想想，為什麼幸運之神總是不青睞你？是不是你選擇的努力方向錯了？

南轅北轍的故事相信大家都知道，一開始就選擇了錯誤的方向，你越努力就離目標越遠 —— 除非你能繞地球走一圈 —— 但可能嗎？

古人說：「差之毫釐，謬之千里。」開始的路一定要選對。

我們許多人都很努力，或曾經努力過，可是為什麼大多數人只能過很平淡的生活呢？為什麼直到今天，我們很多人依舊兩手空空？很簡單，就是因為一開始的選擇出現了偏差。

有個非常勤奮的青年，很想在各方面都比身邊的人強。經過多年努力，仍然沒有長進，他很苦惱，於是向智者請教。

智者叫來正在砍柴的 3 個弟子，囑咐說：「你們帶這位施主到五里山，打一擔自己認為最滿意的柴火。」

年輕人和 3 個弟子沿著門前湍急的江水，直奔五里山。

等到他們返回時，智者正在原地迎接他們。年輕人滿頭大汗地扛著兩捆柴，蹣跚而來；兩個弟子一前一後，前面的弟子用扁擔左右各擔 4 捆柴，後面的弟子輕鬆地跟著。

正在這時，從江面飛來一個木筏，載著小弟子和八捆柴

火，停在智者面前。

年輕人和兩個先到的弟子，你看看我，我看看你，沉默不語，智者見狀問道：「怎麼啦，你們對自己的表現不滿意？」

「大師，讓我們再砍一次吧。」那個年輕人請求說：「我一開始就砍了 6 捆，扛到半路，就扛不動了，扔了兩捆；又走了一會兒，還是壓得沒氣了，又扔掉兩捆，最後，我就把這兩捆扛回來。可是，大師，我已經努力了。」

「我們和他剛好相反，」那個大弟子說：「剛開始，我倆各砍兩捆，將 4 捆柴一前一後掛在扁擔上，跟著這位施主走。我和師弟輪流擔柴，不但不覺得累，反倒覺得輕鬆許多。最後，又把施主丟棄的柴挑了回來。」

用木筏的小弟子搶著插話說：「我的個子矮，力氣小，別說兩捆，就是一捆，那麼遠的路也挑不回來，所以，我選擇走水路……」

智者用讚賞的目光看著眾弟子，微微頷首，然後走到年輕人面前，拍著他的肩膀，語重心長地說：「一個人要走自己的路，這本身沒有錯，讓別人說，也沒有錯，關鍵是走的路是否正確。年輕人，你要永遠記住：選擇比努力更重要。」

現在社會競爭越來越激烈，當然，很多年輕人意氣風發地進入一個行業，想幹出一番事業，可是他們當中很多人都忽略了一點，他們很看好的行業或者公司，適不適合自己的發展呢？他們往往只知道努力為自己的理想奮鬥，卻沒發現他們

的所作所為其實已經令他們離自己的理想越來越遠，就像上面的故事，年輕人非常拚命去完成師父交代的任務，可是結果卻不盡如人意。大徒弟和二徒弟卻用了很好的方法來完成，最終他們的結果比年輕人好得多，而且也省力得多。而小徒弟更厲害，他知道自己的體力根本不適合做那樣的工作，於是選擇了一樣很好的工具來完成，當然，他的成果就比其他人都要好。

　　這個故事說明什麼問題呢？大家都為共同的目標奮鬥，可是他們選擇的方法和工具不同，得到的結果就完全不同。年輕人不管多努力，不管再試幾次，如果不改變自己的工作方法，他就永遠不可能獲得滿意的結果。如果他選擇了其他方法，也許就能改變自己的一生。選擇大於努力，大家牢牢記住吧！

　　成功沒有捷徑。如果一定要說有，那就是：正確的選擇。

## 舉棋不定，人生大忌

　　向左走，向右走？十字路口莫徘徊。一頭愚蠢的驢子，在兩堆青草之間徘徊，左邊的青草鮮嫩，右邊的青草多一些，牠拿不定主意，最後在徘徊中餓死。

　　上面的寓言有所誇張。在現實生活中，讓人選擇的道路往往籠罩在一層迷霧中：向左走可能是條獨木橋，而獨木橋的終點可能是鮮花與掌聲；向右走可能是條康莊大道，而旅程的終點可能是一片荒漠。太多的不確定因素，讓許多人不敢做出選

擇，任由時間飛逝，最終蹉跎歲月，一事無成。

有位婦人，她要購買某件物品，幾乎跑遍了城中所有出售那種物品的店鋪。她從這個店跑到那個店，把各件貨品放在櫃檯上，反覆審視，反覆比較，但仍不能決定到底要買哪一件。因為她連自己都不知道，究竟哪件物品才中她的意。她要買頂帽子或一件衣服時，每每幾乎要把店中所有帽子衣服都試過，並問得店員厭倦不堪，但結果還是空手回家，買不成東西！

她需要的衣帽要溫暖，但又不能太溫暖，或太沉重。她需要的衣帽，是那種晴雨皆宜，冬暖夏涼，水陸皆合，影廳劇院、禮拜堂都能搭配的衣帽。萬一她竟然買到了一件物品，但仍然沒有把握自己是否買錯。她還是不能決定，究竟該不該將物品退回更換。她買一件東西時很少不更換兩、三次以上，但結果還是不能完全讓她滿意。

這種個性的不堅定，在一個人的品格和人性上，是個致命的弱點。具有此種弱點的人，從來不會是有毅力的人。這種弱點，可以破壞一個人對自己的信賴，可以破壞他的判斷力，並對他的精神健康有害。

身為想有一番作為的人，你對於所有事情，都應胸有成竹，進而使你的決斷堅定、穩固得如海底的水，情感意氣的波浪不能震盪，別人的批評意見及種種外界的侵襲也不能打動！

敏捷、堅毅、決斷的力量是一切力量中的力量，假使你這一生沒有敏捷與堅毅決斷的習慣或能力，則你的一生，將如一

葉海中飄盪的孤舟，你的生命之舟將永遠漂泊，永遠不能靠岸。你的生命之舟，將時時刻刻都在狂風巨浪的襲擊中！

就某種意義上說，一次錯誤的決斷，也比沒有決斷要好！

假如你有寡斷的習慣或傾向，就該立刻奮起撲滅這種惡魔，因為它足以破壞你生命中的種種機會。假使事件當前，需要你的決定，那就該在今天決定，不要留待明天。你該經常練習做敏捷而堅毅的決定；事情無論大小，不管是選擇帽子的顏色，或衣服的式樣，你絕不該猶豫。

在你要決定某件事前，你固然應該顧及那件事的各個方面，在下斷語前，你固然應該運用全部經驗與理智做為指導，不過一但決定之後，你就該讓那個決定成為最後的！不應再有所反顧，不應重新考慮。

練習敏捷、堅毅的決斷，直到成為一種習慣，那時你將受惠無窮。你不但會對自己有信心，也能得到他人信任。剛開始，你的決斷雖不免有錯，但從中得到的經驗和益處，就足以補償蒙受的損失。

在選擇的路上奔跑，即使跌倒，也強過站在路口徘徊；因為，跌倒也是一份財富，跌倒還能站起。

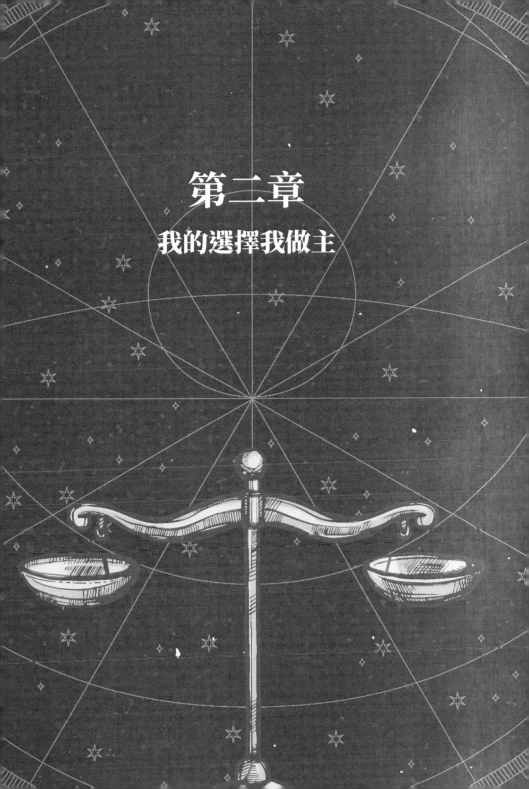

# 第二章

## 我的選擇我做主

# 知道自己想要什麼

當社會大眾熱衷於下海經商時，你奮不顧身地下海；當出國風光時，你擠破頭也要出國鍍點金；當公務員熱興起時，你又忙著考公務員……忙忙碌碌的生活，看似充實，實則蒼白不堪。

在選擇之前，我們不妨先冷靜自問：我究竟想做什麼？

世界上沒有兩片完全相同的葉子，更沒有一個人會與別人完全一樣。認真做自己，就必須找到你跟其他人不一樣的地方，即獨特之處。而且，這種發掘還不能靠別人，只能靠自己去找，因為誰都不會比你更懂自己。

我認識一位小學老師，她從大學畢業後就想教書，但因為不是師範系統的畢業生，當時沒找到教書的機會，她便到日本留學，攻讀教育碩士學位。剛回國時，一時還找不到教職，就到一家公司擔任日文祕書，很得老闆信任，待遇也相當好，但她仍不放棄教書的念頭。後來她去參加教師考試，考取後立刻辭去祕書的工作。

教書的薪水不如她擔任祕書的薪水，同時，周圍的朋友十分不解，以她的學歷絕對可以去教高中，為什麼要去教小學呢？

可是她很堅定地說：「我就是因為喜歡小孩才選擇這個工作呀。」

有一回我碰到她，問她近來如何。她馬上很興奮地告訴我：「今天剛上過體育課。我也跟小朋友一起爬竹竿，我幾乎爬不上去，全班的小朋友在底下喊：『老師加油！老師加油！』最後我終於爬上去了，這是我自己當學生的時候都做不到的事呢。」

這是個多麼快樂的好老師。如果她因為薪水或其他因素而違背自己的願望，選擇做個祕書或到年齡層較高的學校教書，還會不會這麼快樂呢？

每個人都追求成功，那麼你如何為「成功」下定義？很多人以為成功與否是由別人來評斷。實際上，你的成功與否只有自己能做評斷。絕對不要讓其他人來定義你的成功，只有你能決定自己要成為什麼樣的人、做什麼事，只有你知道什麼能讓自己滿足、什麼令你有成就感。

我想最接近成功的意義是「使命」，「使命」是我們要做的事以及要擁有的一切。你的使命感和你的信仰、價值觀密不可分。你必須捫心自問一個問題：我如何確定自己的存在？這個答案直接關係到你擁有的特質、能力、技巧、人格及天賦。

你首先應該知道的是：你是獨特的、是絕無僅有的、是獨一無二的，你有自己的個性、背景、觀點、處世態度及人際關係，沒有人可以取代你，也就是說，你的存在絕對有無法取代的價值。你的使命終究還是要靠自己來完成，它是你人生的目標，是獨一無二、專屬於你自己的。它值得你用全部的精神、力量去追求。

## 第二章　我的選擇我做主

　　我們現在生活在一個提供了無限機會的年代。這些選擇的機會讓我們得到極大的自由，但同時也給我們帶來困惑。很多人抱怨，不知道自己真正喜歡做什麼。造成這種局面的原因，是他們多年來一直壓抑自己的願望，忽略了自己的內在，他們總是急於模仿他人，卻忘了真實的自我。

　　這樣不了解自己的人是不可能成功的。古語說：「知人者智，知己者強。」如果你很清楚自己想做什麼，你的願望極度明確，那麼使你成功的條件很快就會出現。遺憾的是，對自己的願望特別清楚的人並不是很多。我們需要清楚了解自己的雄心壯志和願望，並使它們在自己的內心逐漸變得清晰。

　　為自己想要的生活而努力的人，就是快樂的智者。

## 知道自己能做什麼

　　古人云：「人之才行，自昔罕全，苟有所長，必有所短，若截長補短，則天下無不用之人；責短舍長，則天下無不棄之士。人無完人，金無足赤，若用己所長，中人也會成事，若用己所短，高人也會見絀。」

　　清代詩人顧嗣協在他的〈雜興〉詩中也對此有過比喻：「駿馬能歷險，犁田不如牛；堅車能載重，渡河不如舟。舍長以就短，智者難為謀；生材貴適用，慎勿多苛求。」

　　著名的科普作家艾西莫夫，是美國波士頓大學生物化學教授，但他在分析自己的才能時認為：我絕不會成為一流的科學家，但我可能成為一流作家。因此他選擇了科普讀物這行。果然，據統計，四十餘年間他寫過多達 240 本書，而在科學研究方面的成就卻微不足道。當然，豐厚的版稅收入，令他過上了優渥的生活。

　　偉大的物理學家愛因斯坦，在一次實驗課上弄傷了右手，教授為此嘆氣說：「你為什麼不去學醫學、法律或語言學呢？」愛因斯坦回答：「我覺得自己對物理學有種特殊的愛好和才能。」以後他在物理學上取得的成就，證明了他對自己的認知是正確的。

　　美國物理學家蕭克萊和巴丁及布拉頓一起發明出世界上第一個電晶體，並因此獲得諾貝爾獎。在電晶體研究方面，他展現出極高的理論思維能力，電晶體工作原理的理論就是他提出的，電晶體問世後得到廣泛應用。蕭克萊預見到社會對電晶體的需求，1954 年，他辭去貝爾電話實驗室的職務，到加州創辦一家營利性企業蕭克萊半導體研究所。開張時，八位青年科學家追隨他充當助手。但蕭克萊不會做生意，對於企業如何賺錢、如何與對手競爭、如何與同事商議，他都很不在行。他的企業不像是商業性實體，更像是純學術機構。沒過幾年，助手意見分歧，一個個離他而去，企業入不敷出，漸漸難以支撐，最後被人收購。蕭克萊苦心經營的這家企業，最後以失敗告

終。蕭克萊有傑出的研究才能，卻未必有出色的經營才能，科學研究和經營謀利是兩碼事。它們有著不同的特點，而蕭克萊缺乏這點自知之明，貿然從事自己不擅長的工作，捨己之長，用己之短，他的失敗在選擇離開科研機構、辦起商業實體時，就已埋下伏筆。

可見客觀認識自己的重要性，認識自己並發現自己的特長和潛能，就如同掌握根雕藝術一樣。樹根千姿百態，藝術家要善用樹根的天然形狀順勢雕成栩栩如生的各種形象。其實我們每個人也和樹根一樣千差萬別，十人十面。只有根據自己的特點，才能在人生的十字路口做出正確的選擇。希臘哲學家把認識自己看作生命的一個重要目的。古人云：「知己知彼，百戰不殆。」我們只有正確認識自己，才能知道從事怎樣的事業可以真正發揮自己的潛能，從而得到最大的經濟回報。

然而真正認識自己不是件容易的事，需要有科學的方法和實事求是的態度，這裡便簡要地介紹幾種方法：

＊ **徵詢意見法**：向自己的父母親人、同學朋友和師長同事徵求意見，了解他們對自己的看法和評價。看看周圍的人認為自己適合做哪種工作。

＊ **自我反省法**：自我反省可以幫助我們深入了解自己的才能及事業傾向。了解在過去的生活及工作中有哪些是自己做得快樂且能得到較大成就的事；哪些是自己不喜歡，就算

盡力也毫無回報的事。檢討一下過往幾年間，自己性格的「自我形象」的轉變，其中有哪些明顯趨勢，能否藉以推斷以後的轉變方向及自身的發展趨勢。

＊ **心理、職業測驗法**：目前社會上有不少有關心理、性格和智力等各式各樣的測驗，不妨試試作為參考。

＊ **感覺法**：人對自己沒把握的事，會本能產生畏懼的情緒，這是沒有才能的一種反映。與此相反，如果對所做的事感到確實有信心做好的話，那正說明你在這方面或許有一定的才能。

＊ **實驗法**：就是用事實證明。有小說才是作家，有畫作才是藝術家，有發明創造才是科學家。沒有作品的作家，沒有畫作的藝術家，沒有創造發明的科學家，在世界上是不存在的。我有一位同學從事統計工作，但心裡總想當個作家。他把工作之餘的全部時間和精力都用於小說創作。終於有一天，他寫的一篇小說發表了，接著又發表了第二篇、第三篇。這一事實使他意識到自己是能寫小說的，是可以當個作家的。這就是從已成的事實中，認識和發現自己的才能。當你尚未了解並認識自己的才能時，不妨試著對有興趣的學問或工作做些研究或實踐，看看在研究和實踐過程中能否達到預期的效果。如果成效顯著，就證明你有這方面的才能；如果成效甚微，甚至沒有成效，那就說明你不具備這方面的能力。

## 第二章　我的選擇我做主

* **比較法**：不怕不識貨，就怕貨比貨，透過比較可以認識自己的才能。尤其是在比賽場上，如果是競技比賽，有自由體操、鞍馬、吊環和單雙槓，那麼你在哪個項目能屢挫對手捷報頻傳，便說明你在這個項目上能力突出。這是人盡皆知的道理。但如果沒有可比較的對象，也可以拿自己做過的各項工作來對比。如果有人多才多藝，那就要看哪種才氣更大，哪種特長出類拔萃並被社會承認。

* **考試法**：目前除了學校用考試來測驗學生的學習優劣外，一般企業與事業單位也採用公開招聘的方式來選拔和錄用人員。也可以透過考試客觀地評價自己。

* **自問法**：向自己提出需要解答的問題，其中要弄清楚的具體問題包括：人生觀、價值觀、滿足需要次序、興趣、能力、個人形象、動機、家庭背景和影響、任職資格、技能、社交和溝通能力，還有社會活動經驗、旅遊經驗、工作經驗、喜愛的工作環境等等。

除了運用各種方法認識自己外，還要根據自身的實際狀況客觀地評價自己。

以學歷來說，每個人的教育程度不同，有些人受過高等教育，有的沒受過高等教育。即使同是高等教育，也有高低層次之分，如有學士、碩士和博士。同時，所上學校的等級也不一樣，有的畢業於頂級大學，有的畢業於一般大學。當然學歷不

能代表一個人的真正水準，但它可以從側面反映一個人所學知識的多少及具有的專業特長。尤其社會各界在錄用人才時很看重這點。因此，這也是你評價自身的客觀標準之一。

再就是智力。據心理學家研究表明，人的智力分為五種類型：智力高超和低下者各占 1％，智力偏高和偏低者各占 19％，智力中等者占 60％。一位心理學家對一所大學學生的開發思維能力進行研究，從流暢性、變通性和獨創性三方面評價，發現學生之間有明顯差異。透過與周圍的人比較，你可以了解自己的智力情況。如你的學習與工作成績在全班或工作單位中屬佼佼者，說明你的智力起碼在中等以上，這樣就不必害怕到一些競爭力強的行業和單位找工作或創業了。

還有一些非智力因素，如一個人的氣質、意志和風趣等均屬非智力因素範疇。認識自己的這些因素對找工作也很重要。我們常看到這樣的情況，具有同等智力和學歷的人，在外在條件相同的情況下，性格溫順、易受干擾者，往往終生沒有什麼發明、發現和創造；而性格怪僻、固執和多疑者的創造性捷報卻紛至遝來。一個重要的原因，在於前者的性格不適合其所從事的工作，後者的性格則較適合其所從事的工作。前者能較順利地處理家庭和同事間的關係，如在服務業或醫療業，可能會成為出色的服務員或白衣天使，而在科技研究領域卻可能一事無成。因為從事科學研究需要的是冷靜的批判、獨立的思考、精細的觀察和堅持不懈的探索。

第二章　我的選擇我做主

　　每個人的性格氣質都有所長，也有所短。多血質的人活潑好動；膽汁質的人動作迅速敏捷；黏液質的人穩定持重；憂鬱質的人細心謹慎。一般來說，開朗、活潑、熱情、溫和性格氣質的人較適合從事演藝、社交和服務性行業；多疑好問、深沉嚴謹和實事求是性格氣質的人，較適於研究和醫學；外科醫生需要的是大膽、沉著；企業管理者需要和氣、謹慎，好強多思，能幹而又持重。

　　總之，你要全面了解認識自己，客觀正確地評價自己，這樣才有可能在選擇工作或創業時，找到自己在社會座標系中的恰當位置，既能有效發揮自己的才能，又能充分挖掘自己的潛能，從而最大限度實現自己的夢想。

　　駿馬能歷險，犁田不如牛；堅車能載重，渡河不如舟。舍長以就短，智者難為謀；生材貴適用，慎勿多苛求。

# 別讓任何人偷走你的志願

美國某個小學的作文課上，老師給小朋友的作文題目是：「我的志願」。

一位小朋友非常喜歡這個題目，在簿子上飛快寫下他的夢想。

他希望將來能擁有一座占地十多公頃的莊園，在遼闊的土地上種滿如茵綠草。莊園中有無數小木屋、烤肉區及一座休閒旅館。除了自己住在那裡外，還可以和前來參觀的遊客分享自己的莊園，有住處供他們憩息。

寫好的作文經老師過目，這位小朋友的簿子上被劃了一個大大的紅 ×，發回他的手裡，老師要求他重寫。小朋友仔細看看自己所寫的內容，並無錯誤，便拿著作文簿去請教老師。

老師告訴他：「我要你們寫下自己的志願，而不是這些做夢般的空想，我想要實際的志願，而不是虛無的幻想，你知道嗎？」

小朋友據理力爭：「可是，老師，這真的是我的志願啊！」

老師也堅持地說：「不，那不可能實現，那只是一堆空想，我要你重寫。」

小朋友不肯妥協地說：「我很清楚，這才是我真正想要的，我不願意改掉我夢想的內容。」

老師搖頭說：「如果你不重寫，我就不能讓你及格了，你要想清楚。」

小朋友也跟著搖頭，不願重寫，而那篇作文就得到一個大大的 E。

事隔 30 年後，這位老師帶著一群小學生到一處風景優美的度假勝地旅行，在盡情享受無邊的綠草、舒適的住宿及香味四溢的烤肉之餘，他看見一名中年人向他走來，並自稱曾是他的學生。

這位中年人告訴他的老師，他正是當年那個作文不及格的小學生，如今他擁有這片度假莊園，真的實現了兒時的夢想。

老師望著眼前這個莊園的主人，想到自己三十餘年來不敢夢想的教師生涯，不禁喟嘆：「30 年來，因為我自己的局限，不知道改掉了多少學生的志願。而你，是唯一保留自己的志願，沒有被我改掉的人。」

只要我們本來就是腳踏實地的人，只要我們緊緊握住志願，我們就可以不怕任何人的冷嘲熱諷，因為他們無法再次偷走我們的志願。而所有企圖偷走我們志願的人潑來的冷水，正足以灌溉夢想的種子，讓它茁壯成長。我們感謝潑來的冷水，真心感恩，因為待我們的志願成真之後，我們將與他們分享。

心愛的東西不見了，可以再去買；錢沒有了，可以再賺回來；唯獨志願若是被偷走，就很難再找回來。除非我們願意，否則沒人可以偷走我們的志願。

所以，堅持我們企盼成功的心，別讓任何人偷走我們的志願。

我來，我看見，我征服。

# 靠自己做出無悔的選擇

面對大大小小的選擇，你最先考慮的是什麼？是自己的未來？還是朋友的看法？

事實上，不管做何種選擇，可以肯定的是，如果你太在意別人的看法，那麼不論選擇哪個方向，到最後總還是有人覺得你做錯了決定。

既然如此，何不根據自己的需求和價值觀，做個讓自己一生都不後悔的決定？

如果世上真有什麼對的決定，我想，那都是相對的，也就是說，這個決定的「對」，是相對於自己的主觀和人生的需求。

不過，據我所知，很多人都無法做出這樣的決定，一方面是因為外界（親友）的雜音太多，另一方面是因為他們仍不知道這一生自己到底要什麼。

因此，有很多人做了表面上對的決定，結果為了這個決定而悔恨一輩子，甚至有人因此一輩子逃避做決定。

一個名叫熱佛爾的黑人青年，他在很差的環境 —— 底特律的貧民區長大。他的童年缺乏關愛和指導，跟別的壞孩子學會蹺課、破壞財物和吸毒。他剛滿 12 歲就因搶劫一家商店被逮捕；15 歲時因企圖撬開辦公室的保險箱再次被捕；後來，又因為參與對附近一家酒吧的持槍搶劫，使他身為成年犯被第三次關入監獄。

## 第二章　我的選擇我做主

　　一天，監獄裡一個無期徒刑的老囚犯看到他在打棒球，便對他說：「你是有能力的，你有機會做些自己的事，不要自暴自棄！」年輕人反覆思索老囚犯的這番話，做出了決定。雖然他還在監獄裡，但他突然意識到自己具有一個囚犯所能擁有的最大自由：他能選擇出獄後做什麼；他能選擇不再成為惡棍；他能選擇重新做人，當個棒球員。

　　五年後，這個年輕人成了明星賽中底特律老虎隊的隊員。當熱佛爾在監獄時，他完全可以推脫：「現在我在監獄裡，我無法選擇，我能選擇什麼呢？」但他說的卻是：「我能夠做出決定。」

　　鮑勃‧摩爾說道：「為了謀取生活的成功，我們必須自己做出獨立的選擇。我們必須運用自由選擇的權利。身為自己生活的總統，你每一天、每個小時都能做出自由的選擇。你必須做出選擇：

　　你可以輕視自己，也可以誠實地對待自己；
　　你可以覺得自己是人微言輕的無名之輩，也可以心靈充實；
　　你可以辦事拖拉，也可以馬上就做；
　　你可以整天自尋煩惱，牢騷滿腹，也可以心平氣和地應付一切；
　　你可以遵循格言生活，也可以按照別的生活原則生活；
　　你可以對生活悲觀失望以至逃避，也可以充滿信心地投入行動；

處世為人你可以選擇善良，也可以選擇罪惡；

你可以毀壞一切，也可以奮起建設新生活；

你可以成為自己理想中的人，也可以滿足現狀停步不前；

你可以忠於職守，也可以逃避責任。

有關這一切的選擇權都在你身上，因為你是自己生活的主宰」

人是自己幸福的設計者，也是自己痛苦的策劃者。

# 選擇須有主見

主見是人們對客觀事物的決斷。

做事不能沒有主見，處事不能沒有決斷。拿主見難，堅持主見更難，盲目自信是固執，偏聽偏信是糊塗。

正確的主見都是事物本質的反應，堅持主見就是堅持真理，就是堅持勝利，而真理總是被少數人發現，而被多數人認同。

做事如果都需要別人點頭，那你的事情肯定平淡得像河邊的一粒沙，更休想成就一般人不能成就的事業。

在自然界中，大黃蜂是種十分有趣的昆蟲。曾經有很多生物學家、物理學家、社會行為學家聯合起來研究這一生物。

根據生物學的觀點，所有會飛的動物，其條件必然是體態輕盈、翅膀十分寬大；而大黃蜂這種生物卻正好跟這個理論反

其道而行：大黃蜂的身軀十分笨重，翅膀卻出奇短小。依照生物學理論，大黃蜂是絕對飛不起來的。物理學家的論點是，大黃蜂的身體與翅膀比例的這種設計，從流體力學來看，同樣絕對沒有飛行的可能。簡單地說，大黃蜂這種生物根本不可能飛得起來。

可是，在大自然中，只要是正常的大黃蜂，卻沒有一隻不能飛。牠飛行的速度甚至不比其他能飛的動物差。這種現象，彷彿是大自然和科學家開的一個大玩笑。

最後，社會行為學家找到了這個問題的解答。答案很簡單，那就是 —— 大黃蜂根本不懂「生物學」與「流體力學」。每隻大黃蜂在成熟之後，就很清楚地知道，牠一定要飛出去覓食，否則一定會活生生地餓死！這正是大黃蜂之所以能夠飛得那麼好的奧祕。

不妨從另一個角度設想，如果大黃蜂能接受教育，學會生物學的基本概念，而且也了解流體力學，根據這些學問，大黃蜂很清楚知道自己身體與翅膀的設計完全不適合飛行。那麼，這隻學會告訴自己「不可能」飛的大黃蜂，還能飛得起來嗎？

或許，在過去的歲月中，有許多人在無意間灌輸給你許多「不可能」，我們應該完全拋開這些「不可能」，再一次明確地告訴自己：生命永遠充滿希望並值得期待。

赫爾岑是俄羅斯著名的思想家、文學家。有一次，他的一位朋友請他去參加一個音樂會。音樂會開始後沒多久，赫爾岑

就用雙手堵住耳朵，低著頭，滿臉厭倦之色。不久，他竟打起瞌睡來。

他的朋友看赫爾岑竟然打起瞌睡，很是奇怪，就問他為什麼。

赫爾岑搖搖頭說：「這種怪異、低級的樂曲有什麼好聽的？」

「你說什麼？」朋友大叫起來，「天啊！你說這音樂低級？你知不知道，這是現在社會上最流行的音樂！」

赫爾岑心平氣和地問：「難道流行的就一定好嗎？」

「那當然，不好的東西怎麼會流行呢？」朋友反問。

「那按你的意思，流行性感冒也是好的！」赫爾岑微笑答道。

朋友頓時啞口無言。

有時候，人常會被習慣性思維左右。其實，對一件事的不同解釋，往往可以帶來完全不同的兩種選擇。

有個寓意深刻的民間笑話：一場多邊國際貿易會談正在一艘遊輪上進行，突然發生意外事故，遊輪開始下沉。船長命令大副，緊急安排各國談判代表穿上救生衣離船。可是大副勸說失敗，船長只得親自出馬，他很快就讓各國商人都棄船而去。大副驚詫不已。船長解釋說：「勸說其實很簡單。我告訴英國人說，跳水是有益健康的運動；告訴義大利人說，那樣做是被禁止的；告訴德國人說，那是命令；告訴法國人說，那樣做很時髦；

告訴俄羅斯人說，那是革命；告訴美國人，我已經為他投了保險；告訴臺灣人，你看大家都跳水了。」

這則笑話令我們捧腹之餘，不難引發有關各國文化差異的思索，從中可以看出，臺灣人行事比較沒主見，喜歡盲從。這笑話可能有些誇張，但臺灣人喜歡盲從的特點在現實生活中卻不乏實例。

最典型的是一度流行過的登山腳踏車。這種車型適合爬坡和崎嶇不平的路面，在平坦的都市馬路上卻毫無用處。登山車的車架異常堅實沉重，車把僵硬彆扭，轉向笨拙遲緩，根本無法對都市複雜的交通做出靈活的應變。一天折騰下來，只會腰痠背痛，加上尖銳刺耳的煞車，真是中看不中用的東西。放著好端端的輕便腳踏車或公路車不騎，卻要弄上一輛這麼笨拙的東西，就像一個人偏要丟下千里馬，而去騎一頭笨牛一樣。時髦的潮人頭戴耳機，腳踩登山車，一身牛仔裝，似乎自我感覺良好，其實卻一塌糊塗，這份瀟灑背後的代價和感受，又向誰訴說呢？

但是，假如把時髦比喻成一座令人魂牽夢縈的山峰，那麼登山車的功能便昭然若揭了。追逐時尚，大概就像騎登山車一樣，即便累得半死也心甘情願。究其根源：「為什麼這樣？」答案必然是：「別人都這樣！」

詩人愛默生說：「大丈夫從不流俗。」他說的不是怪僻癲狂的人，而是坦然無畏堅持主見的人，是在大多數人不願說「不」

的時候挺身說「不」的人。這裡舉個獨特的實驗：一個女人走在大街上，突然向一位不知情的路人大叫：「救命！有人強暴！」而旁邊另外安排兩位喬扮的路人，對此呼救聲不聞不問，依舊往前走。這名被當做實驗對象的不知情路人在聽到呼救聲時，所做的反應不是立刻上前搭救，而是轉頭看旁邊兩人有何動靜。當他看到的是一臉漠然時，也就無動於衷了。這種跟著大家走的群展現象說明：我們的信念往往有很大的從眾心理，它的建立總是根據別人的反應，這正是妨礙一個人發展的心理障礙。一個不能為自己做出獨立選擇的人，一生終將一事無成，一敗塗地。

行事要有主見，除了自我凝聚、甘於寂寞外，還需要極大的勇氣。勇氣是為智慧與才幹開路的前鋒，是向高壓與陳規挑戰的利劍，是和權威與強者較量的能源。

1888 年，法國巴黎科學院收到的徵文中，有一篇被一致認為科學價值最高。這篇論文附有這樣一句話：「說自己知道的話，做自己該做的事，當自己想當的人！」這是在婦女備受歧視和奴役的十九世紀，走入巴黎科學院大門的第一個女性，也是數學史上第一個女教授 —— 38 歲的俄國女數學家蘇菲·柯瓦列夫斯卡婭的傑作。在眾多競爭對手面前，首先要突破的就是我們自己的舊觀念，「走自己的路，讓人家去說吧！」這句至理名言鼓舞了眾多敢向自己挑戰的人，實現了自己的願望，成為敢為人先的真正勇士。

正因為敢與習慣勢力決裂，敢與多數人相悖，新的科學研究成果、新的應用技術才能層出不窮，才能取得創造性的成功，也吸引了多數人的關注，這是那些有特殊心理素養的人的共同特點。

最後，讓我們來讀一則頗有寓意的小寓言：

一群青蛙組織了一場攀爬比賽，比賽終點是座非常高的鐵塔頂端。鐵塔下站著一大群青蛙圍觀。

比賽開始了。圍觀的青蛙都不相信比賽的青蛙能到達塔頂，牠們都在議論：「這是辦不到的，牠們一定到不了塔頂！」

聽到鼓譟聲，一隻接一隻青蛙開始洩氣，只剩一些情緒高漲的青蛙繼續向上爬。

群蛙繼續高喊：「這是辦不到的，沒有誰能爬上塔頂！」

越來越多青蛙累壞了，紛紛退出比賽；唯有一隻費了很大的勁，終於成為唯一到達塔頂的勝利者。

當象徵榮耀的花環戴在勝利者頭上時，所有青蛙都想知道牠是怎麼堅持下去的。有隻青蛙跑去問勝利者，牠哪來那麼大力氣爬完全程，問了半天也沒有任何反應，這才明白勝利的青蛙是個聾子！

走自己的路，讓別人去說吧！

# 隨波逐流是人生大忌

美國著名教育家巴士卡利亞（Felice Leonardo Buscaglia）小的時候，人們常常告誡他，一旦選錯行，夢想就不會成真，並告訴他，他永遠不可能上大學，勸他把眼光放在比較實際的目標上。但是，他沒有放棄自己的夢想，不但上了大學，還拿到博士學位。當他決定拋棄一份優越的工作去環遊世界時，人們說他最終會為此後悔，並拿不到終生教職，但是，他還是上了路。結果，回來後他不但找到一份更好的工作，還拿到終生教職。當他在南加州大學開辦「愛的課程」時，人們警告他，他會被當作瘋子。但是，他覺得這門課很重要，便還是開了。結果，這門課改變了他的一生。他不但在大學教「愛的課程」，還到廣播電臺和電視臺舉辦愛的講座，受到美國社會大眾的歡迎，成為家喻戶曉的愛的使者。他說：「每件值得的事都是一次冒險。怕輸就會錯失遊戲的意義。冒險當然有帶來痛苦的可能，可是從來不去冒險的空虛感更讓人痛苦。」

事實上，無論我們選擇試或不試，時間總會過去。不試，什麼也沒有；試，雖有風險，但總比空虛度過豐富，總會有收穫的。這裡有個讓我們能鼓起勇氣試一試的思考方式，也就是：最壞的狀況可能會是什麼？

柯先生在臺北市一個政府機關裡有個舒適的職位，但他想當自己的老闆，到高雄經營自己的小生意。他自問：如果失敗

了，最壞的狀況會是什麼呢？他想到傾家蕩產。然後他繼續自問同樣的問題：傾家蕩產後最壞的狀況會是什麼？答案是他不得不去做能找到的任何工作。之後，最壞的狀況可能是他又開始厭惡這個工作，因為他不喜歡受僱於人。最終，他會再找一條路子去經營自己的生意，而這一次，有了上次失敗的教訓，他懂得如何避免失敗，努力讓自己成功。這樣想過之後，他採取行動去經營自己的生意，並真的獲得成功。他總結說：「你的生活不是試跑，也不是正式比賽前的熱身運動。生活就是生活，不要讓生活因為你的不負責任而白白流逝。要記住，你所有的歲月最後都會過去，只有做出正確的選擇，你才配說自己已經活過這些歲月。」「艱苦的選擇，就像艱苦的實踐一樣，會讓你全力以赴，會讓你有力量。躲避和隨波逐流很有誘惑力，但有一天回首往事，你可能意識到：隨波逐流也是一種選擇 —— 但絕不是最好的一種。」

只有當我們選擇嘗試時，我們才能不斷發現自己的潛力，從而找到最適合自己的事業。

站在人生的十字路口，莫猶豫，莫彷徨，勇敢地選擇，執著地追求，就算結果不那麼美好，至少你擁有充實的人生，從而無怨無悔！

人生就如一道彩虹，如此絢麗，卻又如此短暫。在有限的時間裡，選擇自己喜歡的生活是最重要的。

# 專家與「磚家」

隨著科學的發展，專業分工越來越細，於是社會上出現了專家這種群體，人們尊敬他們的專業知識，養成了「聽專家怎麼說」的習慣。但是同時，人們會忽略或忘記這種專業研究的單一面向和與其他研究的有機聯結，形成一種對權威的迷信和盲從。建立在這種迷信基礎上的思維，也就不可避免地脫離生命的正常軌道，埋下選擇失敗的種子。

史蒂芬‧褚威格（Stefan Zweig）的小說《西洋棋的故事》就揭示了這樣一種令人警醒的可怕現實。小說中米爾柯‧琴多維奇，18 歲時成為匈牙利全國西洋棋冠軍，20 歲時便榮獲世界冠軍頭銜。在一連串的比賽中從東到西征服了整個美國。然而這位世界冠軍無論用哪種文字，哪怕只寫一句話，也不能不出錯，而且，就像他惱怒的對手之一刻薄地指出的，他在任何領域都驚人的無知。當然，他還有個稀有的弱點 —— 這點在往後多次被其他棋手注意，並不斷遭到他們訕笑。因為琴多維奇從來無法憑記憶來下棋，哪怕一盤也不行，用棋手的話說，也就是他不會下盲棋。他完全缺乏在自己想像力的無限空間中再現棋盤的能力。他眼前必須有一張畫出 64 個黑白方格的真正棋盤和 32 個具體的棋子。

他的對手 B 博士是個 25 年沒碰過棋子的囚犯。在監獄中為了避免精神在囚牢的虛空中崩潰，借著研究一本名家棋譜保持

第二章　我的選擇我做主

大腦靈活。然而這種技能訓練使他人為地將意識分裂，形成一種偏執性的瘋狂。正是這種在喪失自由的囚牢中獲得的單向度訓練，使他輕易地戰勝除了象棋之外其他方面近乎白痴的世界冠軍。但是，當他的思維恢復到正常狀態時，他跳出思想的囚牢，以一個傻子都看得出的錯誤輸了那盤棋。

褚威格的寓言小說極為深刻，對我們這些生活在專業化程度如此之高的時代的人們有著極大的助益。

專家只能給我們建議及技術上的指導，但在人生的選擇上，主意還是得由我們自己來定。否則，說不定專家就會變「磚家」，砸碎我們的前程與夢想。

天高任鳥飛，海闊憑魚躍。

## 做選擇前先給自己一些自信

雖說每個人外表差異不大，都是兩個眼睛一個嘴巴，可是人的內心狀態卻有很大差別。

一個人在選擇面前的決斷力之高低，除了一些原則性的掌握和技巧性的運用外，還需要充足的信心。一個人如果對自己沒信心，就算有做出好決定的技巧，也無濟於事；或是別人隨便說句風涼話，就會把自己原來的決定全盤否決。

雷根是個演員，卻立志要當總統。從 22 到 54 歲，隆納‧雷根從電臺體育播音員到好萊塢電影明星，整個青年到中年

的歲月都陷在文藝圈內，對於從政全然陌生，更沒什麼經驗可談。這一現實，幾乎成為雷根涉足政壇的一大障礙。然而，當機會來臨，共和黨內的保守派和一些富豪竭力慫恿他競選加州州長時，雷根毅然決定放棄大半輩子賴以為生的影視職業，選擇了開闢人生的新領域。

當然，信心畢竟只是一種自我激勵的精神力量，若離開自己所具有的條件，信心也就失去依託，難以變希望為現實。但凡想有所作為的人，都必須腳踏實地地從自己腳下走出一條路來。正如雷根要改變自己的生命道路，並非突發奇想，而是與他的知識、能力、經歷、膽識分不開的。有兩件事樹立了雷根角逐政界的信心。

一是當他受聘通用電氣公司的電視節目主持人時，為辦好這個遍布全美各地的大型聯合企業的電視節目，客戶要求透過電視宣傳，改變生產情緒低落的普遍狀況。雷根因此不得不煞費苦心，花大量時間巡迴各個分廠，與工人和管理人員廣泛接觸，這使他有大量機會認識社會各界人士，全面了解社會的政治、經濟情況。人們什麼話都對他說，從工廠生產、工作收入、社會福利到政府與企業的關係、稅收政策等等。雷根把這些話題吸收消化後，透過節目主持人的身分反映出來，立刻引起強烈的共鳴。為此，該公司一位董事長曾意味深長地對雷根說：「認真總結一下這方面的經驗體會，為自己立下幾條哲理，然後身體力行地去做，將來必有收穫。」這番話無疑為雷根棄

影從政的信心埋下了種子。

　　二是發生在他加入共和黨後，為幫助保守派領袖競選議員募款，他利用演員身分在電視上發表了一篇題為〈可供選擇的時代〉的演講。因其出色的表演才能，大獲成功，演講後立即募得 100 萬美元，之後又陸續收到不少捐款，最後總數達 600 萬美元，《紐約時報》稱之為美國競選史上募得最多款項的一篇演說。雷根一夜之間成為共和黨保守派心目中的代言人，引起了操縱政壇幕後人物的注意。

　　這時傳來更令人振奮的消息，雷根在好萊塢的好友喬治‧墨菲，這個電影明星將與擔任過甘迺迪和詹森總統新聞祕書的老牌政治家塞林格同時競選加州議員。在政治實力懸殊的情況下，喬治‧墨菲憑著 38 年的舞臺銀幕經驗，喚起早已熟悉他形象的老觀眾的巨大熱情，意外地大獲全勝……原來，演員的經歷，不但不是從政的障礙，而且如果運用得當，還會為爭奪選票發揮作用。雷根發現了這一祕密，便首先從塑造形象上下工夫，充分利用自己的優勢 —— 五官端正、輪廓分明的好萊塢「典型美男子」的風度和魅力，還邀了一批著名影星、歌手、畫家等藝術名流助陣，使共和黨的競選活動別開生面，大放異彩，吸引了眾多觀眾。

　　然而，這一切在雷根的對手、多年連任加州州長的老政治家布朗的眼中，卻只不過是「二流戲子」的滑稽表演。他認

為無論雷根的外部形象如何光彩，其政治形象畢竟仍只是個稚嫩的嬰兒。於是他抓住這點，以毫無政治工作經驗為由進行攻擊。殊不知雷根卻順水推舟，乾脆扮演一個樸實無華、誠實熱心的「平民政治家」。雷根固然沒有從政經歷，但也正是有從政經歷的布朗才有更多政治上的失誤經歷，而給人留下話柄，讓雷根得以脫穎而出。二者形象對照如此鮮明，雷根再次越過了障礙。而幫助他超越障礙的正是障礙本身 —— 沒有政治資本就是一筆最大的資本。因此，每個人一生的經歷其實都是最寶貴的財富。不同的是，有些人只將經歷視為實現未來目標的障礙，有些人則利用經歷作為實現目標的法寶，雷根則無疑屬於後者。

就在雷根如願以償當上州長，後來問鼎白宮時，曾與競爭對手卡特舉行過一次長達幾十分鐘的電視辯論。面對攝影機，雷根發揮淋漓盡致的表演，時而微笑，時而妙語如珠，在億萬選民面前完全憑著演員的本領占盡上風。相比之下，從政時間雖長，但缺少表演經歷的卡特就顯得相形見絀。

自信並非與生俱來。要想增強自己的自信心，可以透過以下五個方法：

＊ **擁有成功的經歷，是形成自信心最重要的條件**：任何一個人，或多或少總有過自豪及成功的經歷，要善於從自己的成功中總結出規律。心理學研究證明：一個人內在的動力

與抱負，與其成功的經歷密切相關。成功的經歷越豐富、越深刻，他的期望就越高，抱負就越大，自信心也就越強。而對於缺乏自信心的人來說，最重要的是尋求成功的機會，並確保首次努力獲得成功。

＊ **客觀正確的期望與評價，會形成一股強大的動力，加強人們的自信心**：當期望較高的評價來自自己喜歡或崇拜的人時，一個人的自信心會上升到極大值。在這種情況下，一個心理成熟的人就會冷靜地分析人們對自己的期望和評價是否有根據，是否客觀合理，否則，就很容易出現盲目樂觀的情緒，因為自信心和盲目性只有一步之差。

＊ **正確地進行自我批評，有利於自信心的培養**：每個人都會在自己前進的道路上設立一個又一個目標，近期目標的後面還會出現一個遠期目標，每一個目標的設立都應建立在正確的自我評價基礎之上。每個人都有自己的長處，也都有自己的短處，倘若你既能正確對待自己的長處，又能認清自己的不足，揚長避短，目標就會實現，自信心的培養也就進入良性循環。

＊ **重視榜樣的作用**：一個人不管是自覺還是不自覺，事實上都會受周圍人們的影響。為了增強自信心，你不妨在熟悉的人中，找一個值得自己學習、仿效的榜樣，設法趕上並超過他。

* **用自我暗示增強自信**：就像風一樣，可以將一艘船吹向這邊，也可以將另一艘船吹向那邊；自我暗示既能讓你成功，也會使你失敗，就要看你怎樣揚起這「自信之帆」。任何人只要懂得自我暗示的積極力量，就可獲得自己想像中的最高成就。有首詩這樣描寫自我暗示的作用：

如果你認為被擊敗了，

那你必定會被擊敗。

如果你想勝利但又認為不可能獲勝，

那麼你就不可能得到勝利。

如果你認為你會失敗，

那你就已經失敗。

因為在這個世界裡，

成功是從一個人的意志開始的，

而意志則全靠精神。

如果你自信能比別人優越，

那麼你就一定比別人優越。

在你獲得成功之前，

你必須對自己有自信。

人生的搏鬥並非始終有利於較強的一方，

但最終的勝利是屬於自認有力量的人。

**第二章　我的選擇我做主**

　　應該讓自信伴隨你生活的左右，充滿於你的舉手投足間。生活中常會遇到一些十字路口，而人性中普遍存在冒險的「動力本能」，在它正常發揮時，它能驅使我們充分信賴自己，並利用各種機會發揮自己的潛力。有自信的人在選擇時總能充分發揮潛能；而那些害怕失敗的人，總是面對自身的弱點而不能自拔。

　　我成功，是因為我志在成功。

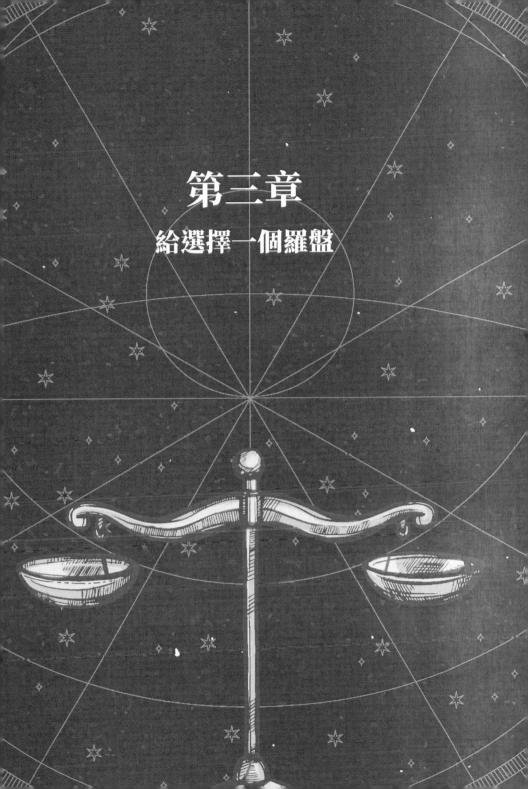

# 第三章
## 給選擇一個羅盤

# 讓目標引領「人生航向」

　　從高雄出發去臺北，在每一個十字路口，只要選擇正北方的道路就一定不會錯。如果沒有正北的道路供你選擇，也可以選擇東北（西北）方向的道路，但一定要記住在下一個十字路口選擇一條西北（東北）方向的道路，將方向校正過來，然後再一路朝北……這樣，你在去臺北的路上才不會走錯路。

　　因為有了去臺北的目標，我們的選擇就有了正確的方向，我們的腳步才會一步步地朝目標逼近而非背離。人生旅程亦是如此：有目標的人，才能在人生的十字路口作出正確選擇。

　　東村一個鄉下人要往城裡去，起了個大清早匆忙趕路，希望能在天黑前進城。

　　他趕了大半天路，突然發現自己迷路了，站在路口茫然無助，努力想找出方向。

　　沒過多久，鄉下人看見一名趕著牛車的農夫，連忙追上前去問道：「請問從這兒到城裡，還有多遠的路程？」

　　農夫顧著趕車，頭也不抬地答道：「大約 30 分鐘路程。」

　　鄉下人又問：「我可以搭個便車嗎？就坐你牛車的後面。」

　　農夫仍是頭也不抬地答「好」，鄉下人大喜，坐到牛車上歇著痠疼的雙腳。

　　過了約莫 30 分鐘，鄉下人四處張望，仍不見縣城的影子，又問農夫，怎麼還沒到城裡，路程還有多遠。

農夫回答：「這下大約要走一個鐘頭的路才能到城裡了。」

鄉下人大驚：「怎麼 —— 你這車不是往城裡走的嗎？」

農夫幽幽地說：「我這車往南村走，你又沒問我是不是往城裡走，便自顧自地跳上車，這該怪誰。」

於是鄉下人急忙跳下車想要趕路。

只是，夕陽已開始西沉。

「少數人渡過河流，多數人站在河流這邊；他們站在河岸邊，跑上又跑下。」偉大的佛陀，以它超然的大智大慧俯視芸芸眾生，傳達出這個超越時空的喻示。

人們在生活中行色匆匆，卻又不知要去哪裡。於是，在「河岸邊」跑上跑下，又忙又累，終於碌碌無為，沒有到達彼岸。

這就是人生。

每個人看起來總是忙碌不堪，但是當被問到為何而忙時，大多數人除了一問三搖頭之外，唯一可能的回答就是：「瞎忙！」

法國科學家約翰‧法伯曾做過一個著名的「毛毛蟲實驗」。這種毛毛蟲有一種「跟隨者」的習性，總是盲目跟著前面的毛毛蟲走。法伯把若干毛毛蟲放在一個花盆的邊緣，首尾相接，圍成一圈；在花盆周圍不到六英寸的地方，撒了些毛毛蟲喜歡吃的松針。毛毛蟲開始一個跟一個，繞著花盆，一圈又一圈地走。一個小時過去，一天過去，毛毛蟲還在不停地、

堅韌地團團轉。一連走了七天七夜，終因饑餓和精疲力盡而死去。這其中，只要任何一隻毛毛蟲稍稍與眾不同，便能立刻過上更好的生活（吃松葉）。

人又何嘗不是如此，隨波逐流，繞圈子，瞎忙空耗，終其一生。一幕幕「悲劇」的根源，皆因缺乏自己的人生目標。

古希臘波得斯說：「須有人生的目標，否則精力全屬浪費。」

古羅馬小塞涅卡說：「有些人活著沒有任何目標，他們在世間行走，就像河中的一棵小草，他們不是行走，而是隨波逐流。」

人生就像帶著一張地圖，地圖顯示天大地大，但你的身心只有一副，你若處處都想去，你就哪裡都去不了，只能原地踏步。你的時間有限，只有短短數十年，因此，你要在早年便訂好明確清楚的目標，在地圖上標出一個地點，那就是你想去的地方。

有一位困惑的年輕人曾向成功學大師拿破崙·希爾求教。年輕人對於目前的工作甚不滿意，希望能擁有更適合他的事業，他極想知道怎麼做才能改善目前的情況。

「你想往哪裡去呢？」希爾這樣問他。

「關於這點，說實在的，我並不清楚，」年輕人猶豫了一會兒，繼續回答道，「我根本沒思考過這件事，只是想著要到不同的地方去。」

「你做過最好的一件事情是什麼？」希爾接著問他，「你擅長什麼？」

「不知道，」年輕人回答，「這兩件事，我也從來沒有思索過。」

「假定現在你必須自己做出選擇或決定，你想做些什麼呢？你最想追求的目標是什麼呢？」希爾追問道。

「我真的說不出來，」年輕人相當茫然地回答，「我真的不知道自己想做些什麼。這些事我從未思索過，雖然我也曾覺得應該好好盤算這些事才對……」

「現在我可以這樣告訴你，」希爾這麼說著，「現在你想從目前所處的環境中轉換到另一個地方，卻不知該往何處，這是因為你根本不知道自己能做什麼、想做什麼。其實，你在轉換工作之前就應該把這些事好好做個整理。」

由於絕大多數人對於自己未來的目標及希望只有模糊不清的印象，因而通常不懂選擇。試想，一個不知道自己要去哪裡的人，又如何指揮腳的方向？

一個沒有目標的人生，就是無的放矢，缺少方向，就像輪船沒有了舵手，旅行時沒有了指南針，會令我們無所適從。

人的生活就像一條航道，船就像一個人，人沿著這條航道不斷向前。應該知道自己要去哪裡，每一次選擇都可以衡量是否適當，因為目的地是自己的目標。當選擇有利於接近自己目

的地的話，就算只移近了一分一寸，那也是有意義的，否則，就是偏離了方向。最怕的是倒退，不但沒有靠近目的地，反而遠離了目的地，這樣的話，我們就該反省自己錯誤的選擇。

　　在做選擇之前，首先應該問自己一個問題：我的目標是什麼？

## 剪掉多餘的枝葉

　　有經驗的園丁習慣把樹上許多能開花結果的枝條剪去，一般人往往覺得很可惜。但是園丁知道，為了使樹木能更快茁壯成長，為了讓以後的果實結得更飽滿，就必須忍痛將這些旁枝剪去。否則，若保留這些枝條，對將來的收成一定有很大的影響。

　　有經驗的花匠也習慣剪掉許多快要綻開的花苞，儘管這些花苞同樣可以開出美麗的花，但花匠知道，剪去大部分花蕾後，可以使所有養分集中在其餘的少數花苞上。等到這少數花苞綻開時，就會成為那種罕見、珍貴、碩大無比的奇葩。

　　做人就像培植花木一樣，應該「剪掉」不適合自己做的事，留下適合自己發展的空間。我們與其把所有精力消耗在許多毫無意義的事情上，還不如看準一項適合自己的重要事業，集中所有精力，埋頭苦幹，全力以赴，這樣才能得到傑出的成績。

對大部分人來說，如果一入社會就善用自己的精力，不去消耗在一些毫無意義的事情上，那麼就有成功的希望。但是，很多人卻喜歡東學一點、西學一下，儘管忙碌一生，卻往往沒有培養出自己的專長，結果到頭來什麼事也沒做成，更談不上有什麼強項。

明智的人懂得把全部精力集中在一件事上，唯有如此方能將精力聚集在一點上；明智的人也善於依靠不屈不撓的意志、百折不回的決心及持之以恆的忍耐力，努力在激烈的生存競爭中獲得勝利。

如果我們想成為眾人嘆服的領袖，成為才識過人、卓越優秀的人物，就一定要排除大腦中許多雜亂無緒的念頭。如果我們想在某個重要的方面得到偉大成就，那麼就要大膽地舉起剪刀，把所有微不足道的、平凡無奇的、毫無把握的願望完全「剪掉」，即便是那些看似有可能實現的願望，也要配合自己的主要發展方向，必須忍痛「剪掉」。

世上的無數失敗者之所以沒有成功，主要不是因為他們缺乏才幹，而是因為他們不能集中精力、不能全力以赴地去做適合的工作，他們將自己的大好精力消耗在無數瑣事中，但自己卻從未覺察這一問題：如果他們把心中那些雜念一一剪掉，使生命力中的所有養份都集中到一個方面，那麼他們將來一定會驚訝 —— 自己的事業竟能結出如此美麗豐碩的果實！擁有一種

專門技能，要比有十種心思更有價值，有專門技能的人隨時隨地都在這方面下苦功求進步，時時刻刻都在設法彌補自己此方面的缺陷和弱點，總想把事情做得盡善盡美。而有十種心思的人則不一樣，他可能會忙不過來，要顧及這一點又要顧及那一面，由於精力和心思分散，事事只能做到「尚可」，當然不可能得到突出的成績。

有志者立長志，無志者常立志。

# 盯緊目標不迷路

何時是計程車最危險的時候？

答案是：沒有乘客的時候。因為，有乘客時，司機有目標，他會全神貫注駕駛，同時想辦法盡快到達目的地；而沒有乘客時，他是盲目的，走到十字路口時連左轉右轉都猶豫不定，同時左顧右盼而分散了精力。

有句英國諺語說得好：「對一艘盲目航行的船來說，任何方向的風都是逆風。」

目標是我們選擇的依據。

古往今來，凡是有所作為的科學家、藝術家、思想家或政治家，無不注重人生的理想、志向和目標。目標猶如人生的太陽，驅散人們前進道路上的迷霧，照亮人生的路標；目標是一

個人未來生活的藍圖，也是人的精神生活支柱。美國著名整形外科醫生麥斯威爾‧莫爾茲博士在《人生的支柱》中說：「任何人都是目標的追求者，一旦達到目的，第二天就必須為第二個目標動身啟程……人生就是要我們起跑、飛奔、修正方向，如同開車奔馳在公路上，有時偶爾在岔路上稍事休息，便又繼續不斷在大道上奔跑。旅途上的種種經歷才令人陶醉、亢奮激勵、欣喜若狂，因為這是在你的控制之下，在你的領域之內大顯身手，全力以赴。」

那麼，目標對機遇有何作用力呢？我們可以這樣理解，機遇就是對目標的控制，即對目標的內在控制力。只有在目標的指引下，我們才能及時抓住機遇。

在科技發展史上，許多著名人才都是緊緊盯住目標，從而達到把握機遇的目的。法國昆蟲學家尚-亨利‧法布爾（Jean-Henri Fabre）這樣勸告一些興趣廣泛但收效甚微的青年，他用一塊放大鏡示意說：「把你的精力集中放到一個焦點去試試，就像這塊凸透鏡一樣。」這其實是他個人的成功經驗談。他從年輕時就專攻「昆蟲」，甚至能夠一動不動趴在地上仔細觀察昆蟲長達幾個小時。

怎樣才能讓眼睛不離目標呢？一是要確定目標，二是要考察自己的長處和短處，結合自己的情況，揚長避短。

但就算聚焦目標，雖然方向正確、方法無誤，但成功的機

遇有時可能姍姍來遲。如果缺乏堅韌的意志，就會出現功敗垂成的悲劇。法國微生物學家路易‧巴斯德（Louis Pasteur）說過：「告訴你使我達到目標的奧祕吧，我唯一的力量就是我的堅持精神。」很多成就事業的人都是如此。如洪昇寫《長生殿》用了 9 年；吳敬梓寫《儒林外史》用了 14 年；亞歷克賽‧托爾斯泰寫《苦難的歷程》用了 20 年；列夫‧托爾斯泰寫《戰爭與和平》用了 37 年；司馬遷編寫《史記》更是耗盡畢生精力等。我清代名醫程國彭在論述治學之道時所說的「思貴專一，不容浮躁者問津；學貴沉潛，不容浮躁者涉獵」，講的就是這個道理。

羅斯福總統夫人年輕時想在電訊業找一份工作。她父親為她約好去見他的一個朋友 —— 當時擔任美國無線電公司董事長的薩爾洛夫將軍。羅斯福夫人回憶說：將軍問我想做哪種工作，我說隨便吧。將軍卻對我說，沒有哪種工作叫「隨便」。他目光逼人地提醒我說，成功的道路是由目標鋪成的！

著名哲學家黑格爾說過一句話：「一個有品格的人即是一個有理智的人。由於他心中有確定的目標，並堅定不移，以求達到他的目標……他必須如歌德所說，知道限制自己；反之，那些什麼事情都想做的人，其實什麼事都不能做，而終歸於失敗。」

是的，機遇就在目標之中。用眼睛盯住目標，用理智去戰勝飄忽不定的興趣，不要見異思遷，這樣我們才能抓住成功的

機遇。正如美國作家馬克‧吐溫所說：「人的思維是了不起的。只要專注某一項事業，那就一定會做出使自己都驚訝的成績。」

有了目標，你心目中喜歡的世界便有了一幅清晰的圖畫。你要做的，只是朝著你喜歡的地方起跑、飛奔和修正方向。

## 大處著眼，小處著手

雖然目標朝向將來，是有待將來實現的，但目標使我們能把握住現在。為什麼呢？因為目標讓我們把大的任務看成是一連串的小任務和小步驟，要實現任何理想，都要制定並達到一連串的目標。每個重大目標的實現都是一連串的小目標和小步驟不斷實現的結果。所以，如果你集中精力於當前手上的工作，心中明白現在所作的種種努力都是在向將來的目標挺進，那你為了成功就不會走彎路。

大事往往是由很多小事累積成的，大目標的完成是由眾多小目標的完成累積出來的；每一個成大事的人，都是在完成無數的小目標後，才實現了他們偉大的夢想。

一位美國哈佛大學行為學家提出了「小目標成功學」理論。他認為，有些人誤以為自己能一步登天，所以常做夢，想一舉成名，一下就成為成就大事的人。實際上，這是不可能的，一是由於自己的能力暫時還不夠；二是由於成大事必須經

過長久磨練。因此，許多成大事者往往都是善於「化整為零」的高手，從大處著眼，從小處著手是他們處理問題的訣竅。

當你明白什麼叫從大處著眼，從小處著手時，它將告訴你一個成大事的基本道理 —— 學會從小目標開始一點一點突破！

想賺 1,000 萬，先要找到一個賺到 10 萬的途徑，再找賺到 100 萬的途徑，一個又一個的選擇對了，你才更有可能成為實現夢想的人。

命運並非機遇，而是一種選擇；我們不該等待命運的安排，必須憑自己的正確選擇創造命運。

# 第四章

## 面臨選擇的權衡方法

# 選擇之前先確定尺規

　　人在做決定之前，心裡一定有個尺規——也就是所謂的價值觀。這個尺規是用來丈量、比較和判斷哪個選擇更符合自己的實際狀況。然而，尺規有很多種，因此會造成選擇時的困擾。

　　比方說你約朋友吃飯，因為你想到朋友是湖南人，便選了湘菜館——這時，你心裡的尺度是「利他」；反過來，若你選擇的尺規是「利己」——假設你是廣東人——那你一定會毫不猶豫地選擇粵菜館。同時，你還會面臨高級餐館與平價餐館、搭公車去還是坐計程車去等等一系列選擇。面對這些選擇，你若不拿出統一的尺規，就很難做出決定。

　　到了湘菜館，朋友點了幾樣素菜，而你點的是高熱量的蘑菇燉雞。朋友正在減肥，不想吃高熱量食物，素菜是他最佳的選擇。你卻因為整天熬夜，身體疲憊，想補充些營養，因此對葷菜情有獨鍾。在點菜的問題上，朋友心中的尺規是低熱量，你心中的尺規則是高營養。

　　人在做選擇時，先要有個合乎自己價值觀的尺度存在。一旦這個尺度建立，就可以很明確地判斷我們選擇的答案是好或不好、對或不對，而價值判斷的實際過程，是將你心中的想法一一拿出來與選出的答案比對，譬如你會考慮自己膽固醇太高，太油膩可能對健康不好；天氣太熱，湘菜大多又辣又燙，

會不會吃得滿身大汗？附近有哪幾家湘菜館？距離會不會太遠？今天是週末日期，路上到處都是車，到了餐館有沒有位子……你會對應所有需要逐一去比較、判斷。

當然，考慮因素的多寡因人而異，有些人天生就比較注重菜色與氣氛，所以拚了命也要去高級點的餐廳，對其他的距離、健康、時間成本、交通等因素就不那麼在意；有些人天生比較精打細算，一旦評估了所有因素，可能就會推翻出去吃的決定，改成乾脆在家將就算了。

每個人的判斷依據（尺規）不同，很難說誰的決定一定是對的、十全十美的。所謂海畔有逐臭之夫，個人品味及需求不同，人與人之間很難有共同的尺規。希臘哲學家普洛塔高勒斯說「人是萬物的尺度」，這句話不愧為真理之言。

有些人常在一些決定中猶豫不定，就是因為心中有好幾把「尺規」：「想吃蛋糕怕身體太胖，不吃蛋糕又不甘心」；「週六下午想去看電影，又想和朋友去爬山，也想和女朋友去跳舞，又想……」類似的矛盾，相信在我們的生活中常常出現。

事實上，不管每個人心中的尺規有多少，每個人的價值標準差異有多大，每個人做判斷模式的思考時，方法和理論其實都大同小異，只是有些人會反覆更換自己的「尺規」罷了。不管我們有多少「尺規」，有多少選擇，最後還是只能有一個決定。

因此，了解自己做判斷時的「尺規」，統一自己的「尺規」，會有助於我們更明快地下決定，不會在猶豫中浪費時間和傷透腦筋。

　　人是萬物的尺度。

# 讓選擇符合自身效益

　　我們在此談到的讓選擇符合自身效益，前提是不違反法律與道德。每個人心中都有一把尺規，當我們在比較事物、權衡利害得失時，這把尺規是判定一切的標準。

　　雖然，我們心中的這把尺規是根據自身需求打造出來的，但這把尺規有很多不合邏輯之處，甚至和現實背道而馳。所謂的現實邏輯就是現實世界中的各種事實及定律，像是酗酒和抽菸對身體不好，卻有無數菸民與酒鬼樂此不疲；違法犯紀必定會受到法律制裁，卻不乏有人前仆後繼地以身試法等。

　　有時候，我們做決定時，除了自己是阻礙自我效益原則的因素外，外在的客觀因素也是一大阻礙。最常見的現象，就是一個人下決定時所依據，竟然是「別人的」尺規。這種做法等於放棄選擇自己人生的權力，在這種情況下所做出的決定，便不見得符合自身效益。

　　最常見的例子就是「和自己不喜歡的人結婚」。當事人在做決定時，可能以別人、父母親友、社會或道德的尺規來作判

斷依據，如此情況下所做的決定，很難是個好決定，是否符合自身的利益也很令人懷疑。因為只有你自己知道自己需要什麼，只有你自己知道自己的效益點在哪裡。

還有一個常見的情形，便是選填大學科系志願。本來要選擇什麼科系和學校，應該是根據自己的興趣和專長，然而大部分學生卻受到社會價值觀、父母的期望等因素影響，而做出錯誤的選擇。常聽到因為興趣不合所以念得很辛苦的例子。適應力強的會繼續念下去，也有人幸運地念出興趣，但也有不少人因此浪費了寶貴的光陰。

如果當初能以自己的興趣為尺規，或許可以少走些冤枉路。與其花時間去適應沒興趣或不擅長的事物，還不如把精力放在自己喜歡的事情上，收穫必定更多，心情也會更自在開朗。不過，很多事可能要在你做了選擇之後才會發現吧！

或許有人會覺得，發生這種情況也是不得已的，做決定的人有太多苦衷和無奈，或許這種決定才是完美的決定，能夠使大家皆大歡喜。這種想法可說是大錯特錯，就像「世上沒有不死的人」一樣，世上也沒有「完美的決定」。記住，你永遠無法同時滿足眾人的要求，只有符合自身效益的決定，才是正確的決定。

你可以是自己最好的人生羅盤，重點是，要能勇於面對各種人生抉擇，否則一再逃避之下，你所剩的就只是一輩子的悔恨和不甘。

# 一次只做一件事

　　我們在思考與選擇時，最大的盲點在於沒有條理與邏輯。經常是該做的事沒做，不該做的事亂做一通，根本不分輕重緩急。比方說，功課沒做完，就先看電視，等電視看完又睏了，想先睡覺再說。結果隔天不但遲到，功課也交不出來。

　　這就是做決定時，還沒定出目標，就急著下判斷，判斷還沒完成，就急著做決定。惡性循環之下，結果事情弄得一團糟。

　　這種情形，就像我們打靶時，連瞄準都還沒瞄準，就扣了扳機，結果不僅浪費子彈，搞不好還會打到別人釀成災禍。

　　做決定需要邏輯思考，為的是讓我們能預測及控制決定的結果，避免各種不當的後果出現。事實上，邏輯不難，它早就存在於我們的生活中，只是我們沒有正視它，也不曾以系統化的觀點來運用它。

　　邏輯的方法，說穿了，就是執行事件的順序，這是每個人都懂，也都一直在做的。大家都知道，洗完澡後，要先擦乾身體再穿衣服；做菜時，要先準備材料，才能一一下鍋烹調；看電影時，要先買票才能進場；到餐廳吃飯時，要先點菜，服務生才能通報廚師，廚師也才能依你的選擇做出你要的菜色。

　　這些日常生活的行事順序就是邏輯。邏輯，就是一個步驟、一個步驟地把事情完成，非常簡單。

日常生活中的行事步驟，我們都很清楚，因為這些步驟是具體的、看得見的。一旦把這些步驟化為抽象的思考，放到腦中運用，我們往往就會輕重不分、本末倒置。

原因很簡單 —— 因為我們不喜歡動腦。也因為如此，我們在決定時，腦中總是一團亂，目標還沒選定就開始比較，比較判斷還沒完成，就開始下決定，接著還沒考慮這個決定的後果，就已經付諸行動。

當然了，後果如何，我們通常不用事前推論、演繹，而是直接看事實。我想，這些人都是跳過思考的「行動派」吧！

要如何才能讓我們的腦子習慣「邏輯」推論的方法？其實並不難，一個一個步驟來就沒錯。在我們面對雜亂無章（不但目標繁多，資料也不夠）的決定時，必須一次只做一件事，這件事做完了，才做下一件，一個步驟完成了，再接著做下一個，這樣就不會有本末倒置、輕重不分的情況出現。

所以，我們在做決定（尤其是人生的重大決定）時，自己要先仔細檢查步驟有沒有錯，有沒有遺漏。最後在做決定前，再覆核一次做決定的步驟，雖然這些步驟略為繁瑣，卻很實用，就像背九九乘法表一樣，一旦背熟了，就可以變成一種反射性的習慣。

如果你覺得死背做決定的步驟是件很痛苦的事，那麼你可以用打靶的方法來比喻做決定的步驟。

## 第四章　面臨選擇的權衡方法

＊ 先設定目標，主目標只能有一個。

＊ 瞄準，也就是列出可以達到目標的幾種方法，然後開始做條件比較、判斷、選擇。這個步驟最重要的就是做選擇，必須要有勇於割捨的精神。

＊ 擊發子彈。謹慎、反覆地檢驗自己的判斷，如果你確定自己的判斷沒錯，那就勇敢果斷地扣下扳機，做出你的決定。

如果你能將做決定的步驟和原則變成思考習慣，即使遇到再亂的情況，也能按部就班地收拾亂局。

畢竟，我們的腦容量有限，況且人腦不比電腦，我們不僅在目標上不能太貪心，在行動步驟上也不能太心急，如果時間許可，寧可慢不可錯。就像很多學生喜歡邊聽音樂邊讀書，結果書也沒讀好，音樂也聽不進去；也有很多人喜歡邊上廁所邊看書或滑手機，據醫學研究表示，這樣的人比較容易得便祕或痔瘡等毛病。

所以說，一次只做一件事，一次只處理一個步驟，這是保持決定品質的重要心法。

天才磨刀，磨的是刀鋒且用的是合適的方法；凡人磨刀，磨的是刀鋒，但用的不是合適的方法；庸才磨刀，流了汗出了力，但很遺憾，他磨的是刀背，他的刀鋒一輩子都不會銳利。

# 三思而後行的人很少後悔

　　從前有個國王，他治理國政開明正直，因此國家興旺，風調雨順。這位國王很喜歡蒐集珠寶，遇到珍貴的珠寶時必定會花大錢買下，所以他派了位宮中大臣周遊列國，專為他尋找喜愛的珠寶及古董。於是那位大臣走遍各國，到處尋找珍奇珠寶，若遇到好的珠寶便立即收購。然而經過一段時日，找遍許多地方，發現很多珠寶國王都已經有了，很難再找到特殊的珠寶。

　　有一天，大臣走到一個城中的市集，看見有個路邊攤寫著「賣智慧」，他好奇地走到這位攤販身邊問：「請問這位先生，你在賣什麼呢？」那個人回答道：「我在這裡賣智慧。」大臣又問：「既然你在賣智慧，那麼智慧怎樣賣？賣多少錢？」那人便說：「賣你一句有價值、有智慧的話，價值 500 兩銀子，你要不要買？」這位尋找珠寶的大臣看面前這人舉止溫雅，像是個有修養的人，很豪爽地答應了他，立刻付了 500 兩銀子，求教一句智慧之語。

　　大臣問：「那麼這句智慧之語是什麼？」這位先生便告訴大臣：「遇事要三思而後行，勿急行暴怒，現時雖不用，到時便受利！」大臣聽了謹記於心，隨即打道回國。

　　當這位大臣急忙趕路回到家裡，天色已暗，他的太太也已入睡。他不想吵醒太太，就悄悄走入房間看他太太。當他靠近

床頭時，發現床底下竟放著一雙男鞋，一時怒氣衝天：「太可惡了，她竟趁我不在家時紅杏出牆！」他難耐心中怒火，急著要殺了這個姦夫，便到廚房取來斧頭走到床邊，正欲舉起斧頭砍向這對姦夫淫婦時，忽然間，想到那位先生送他的智慧之語：「遇事要三思而後行，勿急行暴怒。」這話必定藏有玄機，因此暫時按下怒火，靜靜走到客房躺下睡覺，等待明日再議。

　　第二天清早，他的母親起來叫醒他說：「我兒呀！你平安回來啦。你太太身體不舒服，昨夜媽為了方便照顧她便陪她睡，但沒拖鞋穿，所以穿了你的拖鞋。」這位大臣聽了這話，恍然大悟地想：「還好！我用 500 兩銀子買來一句智慧之語，否則盛怒之下不就糊裡糊塗地誤殺了我的母親及太太，犯下滔天大罪。看來這句話不僅值 500 兩銀子，就是 5,000 兩也值得。」

　　從這個故事，我們可以知道做事要三思而後行的道理。這世上有很多人因為一句話或一件不如意的事而怒髮衝冠，做出不堪設想之事，造成許多不幸的後果，甚至一時失察，意氣用事，做出錯誤的選擇而造成難以彌補的悔恨。

　　業精於勤，荒於嬉；行成於思，毀於隨。

# 用排除法找到最佳答案

讓我們回到學生時代，看一道常見的國文考題。

下列四個文學家中，哪一個是宋朝人：

A. 張九齡

B. 陳子昂

C. 周邦彥

D. 老子

這道題的正確答案是「C‧周邦彥」。但假若你不記得周邦彥是哪個朝代的人，怎麼辦？

不要緊，用「排除法」來應對 —— 相信這個方法大家都用過。首先，我們排除「張九齡」這位唐朝名相；然後，「陳子昂」這位「前不見古人，後不見來者」而泫然流涕於「幽州臺」的新唐後期詩人亦可排除；第三步，將先秦思想家、文學家「老子」從正確答案中剔除，周邦彥這個正確答案就理所當然地呼之欲出了。

排除法不僅在考試中是學生的制勝利器，也是人生選擇的良好工具。

如果你在人生的十字路口遇到不知所措的選擇，不妨運用「排除法」來解決問題。方法是把你想要選的候選人或候選物寫在紙上，然後，把你認為不好的一個個刪除，剩下的最後一

個，就是你最好的選擇了。

　　一般來說，我們在選擇同性質的東西時，用排除法效果較好。因為同性質的東西，具備有相同的比較條件，相同條件下的比較才能做出逐一排除的判斷；否則，不同性質的東西，在本質上根本就無法比較，就算你硬要逐一排除，也可能會選擇錯誤，把對的排除，留下不該選擇的。

　　例如，你想比較兩個人的工作能力，從兩人中選擇一個工作夥伴。這時，你就可以在一些工作技能上做比較，在這些技能上比較差的人，就必須被排除，你也不用為如何選擇而苦惱。

　　拔掉雜草，金黃的穀穗便會顯得如此醒目。

## 最好的選擇來自理性的比較

　　在你運用了「排除法」後，還是無法做最後的決定，像是選到最後，有兩個候選人或候選物，選來選去，排除 A 也不是，排除 B 也不是，令人難以選擇。這時候，你可以運用最後的絕招 ── 「比較法」。

　　方法很簡單，你只要拿出一張紙，把兩個要選擇的人或物分別寫在兩邊，然後各自在這兩個選擇的底下，列出它們的優缺點。等你列好之後，你該選擇哪一項，通常便可一目了然了。

　　正所謂不怕不識貨，就怕貨比貨，將你的備選答案進行客觀比較之後，正確的選擇就會撥雲見日出現在你眼前。

　　某知名大學的一個女生不久前跳樓自殺，據稱她在自殺前，也曾用比較法為自己的「活著」還是「死去」作了一番選擇。她生前在網上發文說：我在「死去」的下面寫了許多好處，而在「活著」的下面卻一片空白。於是，她選擇了縱身躍出窗臺。

　　這位天之驕子的自殺，引起許多人對當今教育的一片唏噓與反思。在此，編者僅就其選擇的技術上分析其得失。這個女生在人生生死的十字路口，對生與死各自的好處進行比較後再做決斷，可謂有一定的理性，此為「得」。但其「失」之處在於比較的不客觀：死真的能一了百了嗎？活著真的沒有歡樂與希望嗎？事實上，死去原知萬事空，活著則一切皆有可能。

　　造成上面這位女生的悲劇，不在於她運用了「比較法」，而在於她運用「比較法」時未能做到客觀公正的評判與比較，結果也就謬之千里。因此，各位在運用「比較法」做選擇時，一定要盡量做到客觀公正地評價與比較備選答案，不要預設立場，鑽入錯誤選擇的牛角尖。

　　不怕不識貨，就怕貨比貨。

## 第四章　面臨選擇的權衡方法

# 兩害相權取其輕

　　有位談話節目主持人曾說：所謂的選舉，就是如何在兩個壞蘋果中選出一個不太爛的……這樣的選擇方法，就是人們常用的「兩害相權取其輕」選擇法。

　　彼得從小聰明好學，在愛德華國王中學念書時，他有個「無敵神童」的外號。在他身上有著天才常有的個性：遵從自己的價值判斷，不因世俗的偏見蒙蔽自己的心靈。上大學時，他最初選修的是法律。但他很快發現，他更想做個富商，而不是個律師，於是，他只在法律系讀了兩週後，便轉到商管系。

　　大學畢業後，彼得在英國陸軍服役，擔任排長之職。幾年軍旅生涯的磨練，他最大的收穫是學會了應該如何決策。他雖然沒上過戰場，但實戰演練告訴他，在很多情況下，指揮官只能依據殘缺不全的有限資訊下決策，不足的部分，則一半靠經驗，一半靠膽量，也許還有運氣。彼得對此心領神會。他總是能在別人舉棋不定的混亂局面中大膽拍板，很少有猶豫不決的時候。這一素養成為他日後在商場大顯身手的法寶。

　　從軍隊退役後，彼得進入英國石油公司工作。即使在這家人才濟濟的超級企業，他的才幹也很突出。他膽量過人的鮮明個性給人留下深刻印象。那些棘手的、具有挑戰性的任務，他們都喜歡交給彼得，而彼得總能圓滿完成任務。因此，人們給

他一個外號：「突擊隊長」。他也屢獲升遷，幾年後，即被任命為商務部副總裁，全權負責北美業務。

蘇伊士運河一直是英國石油公司的主要航道。埃及和以色列之間的「六日戰爭」爆發後，蘇伊士運河被關閉，英國石油公司被迫改變航道，必須繞行非洲好望角。這一來，船舶運輸問題就變得十分重要。公司緊急召回「突擊隊長」彼得，任命他為總經理特別助理，主管船舶租用與調度事宜。

一個星期六的下午，彼得正在家休息，忽然接到租船部主任打來的一通緊急電話：「歐納西斯先生詢問是否要租用他的油輪。他要求馬上答覆。」歐納西斯是著名的希臘船王，他的油輪因「六日戰爭」而變得特別搶手，所以他開給英國石油公司的條件很苛刻：要就全部租用一年，不然就一艘不租，而且價格比平時高得多。歐納西斯的油輪總噸位高達 250 萬噸，全部租用一年，租金將是天文數字。租船部主任不敢定奪，所以打電話向彼得請示。

租？還是不租？彼得也感到迷惑。決策的關鍵是「六日戰爭」將延續多久。如果延續時間很長，船舶短缺的問題將會繼續加劇，無疑必須租用歐納西斯的全部油輪。但是，如果戰爭很快結束，高價租用大批超過需要的油輪，無疑是個重大損失。在當時的情況下，最老練的政治家也無法判斷戰爭會進行到何時，彼得自然也無法預知。那他該如何決策呢？

## 第四章　面臨選擇的權衡方法

　　彼得感覺遇上了平生最難的一個決定，這就像足球守門員撲救一個十二碼罰球，無論撲向左邊或右邊，都可能是錯的，但也可能是對的。在這種情況下，即使召開董事會，也不可能商量出正確答案，這除了浪費時間並減輕自己的決策責任外，沒有任何好處。於是，他把自己關在屋子裡，認真權衡得失。半小時後，他終於做出決定：租！

　　他做出決定的理由是：假設租用歐納西斯的全部船隊，而戰爭很快結束，公司將蒙受重大損失；假設不租用歐納西斯的全部船隊而戰爭延續時間很長，公司的業務將面臨嚴重困境。前者是局部損失，而後者卻是大局受損。為保大局而冒局部風險無疑是值得的。

　　彼得的運氣不錯，這個決定日後證明是個明智決策：隨著中東戰爭繼續，油輪租金暴漲，船運異常短缺，英國石油公司卻未因這場船災受到太大影響。

　　後來，彼得成為英國石油公司的靈魂人物，在 41 歲那年榮登總裁寶座。

　　情況不明時，無論怎樣決策都無可厚非，迎得慘敗或漂亮大勝都有一定的運氣成分，結果卻是以成敗論英雄。在進行這種「押寶」式的決策時，追求敗得不慘也許比追求贏得漂亮更為明智。

# 為選擇設定期限

　　拖延是很多人坐失良機的關鍵。有些人在緊急關頭做決定時，由於畏懼不成功而產生拖延現象，由於怕丟面子而未與人及時溝通，由於一份真摯的情感而欲言又止⋯⋯對於活在競爭激烈環境的現代人來說，迅速而有效地做出決定比什麼都重要。

　　有些人做事喜歡猶豫不決，連小事都是一樣。如果有個較好的方案，就充滿信心地宣布，並全速實行，你所得到的結果，通常會比長期難以下決定好得多。

　　如果你身邊有很多複雜又無法馬上決定的問題，但事情又很重要、不得不盡快解決時，你就可以運用「限時決定法」來解決這些惱人的燙手山芋。所謂「限時決定法」就是給自己一個時限做完某些決定，避免這些決定一直拖延下去，甚至到最後放棄不管。

　　「限時決定法」在決定的目標考慮上，是以「時間」為第一準則。至於決定品質及其他因素，都排在「時間」因素之後。生活中有些決定有時間限制，而且是不能耽誤任何一點時間的。這時你就要採用「限時決定法」。

　　例如，你想辦個生日舞會，舞會當天會有很多貴賓出席，因此你必須把這個舞會辦得有聲有色才行。在舞會舉行前一星期，你就必須做好各項決定和計畫，以便工作人員能有足夠的

時間準備，像是確定出席名單、排定節目表、會場布置及其他相關事宜，這些事項都是不能延誤的。

　　這時，不管你有多忙，不管這些事項還有多少資料需要搜集，多少前置作業要準備，不管這些決定有多困難，你一定要給自己一個最後時限，否則，你可能到了舞會舉行前一天還拿不定主意，急得像熱鍋上的螞蟻。

　　因此，遇到要早點做決定的情況，你一定要強迫自己在一定時限內完成決定。否則，等你做好盡善盡美的決定時，時間也過了。那時就算選擇再完美也無濟於事。

　　拖延只是個一毛不拔的吝嗇鬼，它用虛假的承諾、期待和希望大量剝削你的財富，它開給你的是無法兌現的空頭支票。

## 當斷即斷，不受其亂

　　處在混亂中時，必須果斷做出自己的選擇，優柔寡斷和謹小慎微只會坐失良機。歌德曾說過：遲疑不決的人，永遠找不到最好的答案，因為機遇會在你猶豫的片刻消失。

　　遇到麻煩時，如果你還是那樣謹小慎微，那麻煩就會變成混亂，而快刀斬亂麻會讓形勢變得明朗，讓你能更加從容地應對問題。

　　古波斯的老國王想選個繼承者。一天，他拿出一條打了結的繩子當眾宣布：能解開此結者便可繼承王位。應試者眾多，

但誰也解不開。有個青年上前看了看，發現那是根本無法解開的死結，於是他不去解結，而是拿刀去剁，刀落結開，眾人驚嘆不已。老國王讓人去解一個解不開的結，用意顯然是考察應試者的機智。這個青年的思路超出眾人之處，就在於他不是費力去解，而是想如何將它「打開」。用刀去剁，不只表現了智慧，而且顯示出膽識。這個故事告訴我們：面臨混亂時，有勇無謀或多謀寡斷都是不行的。

要想避免當斷不斷帶來的危害，我們需要快刀斬亂麻式的決斷，就像你置身在一個嘈雜混亂的場所，忽然有人把開關一關，一切都在瞬間歸於寧靜，讓你立刻神清氣爽。你發現，原來剛才的一番混亂只是幻覺，而你認為揮之不去的煩惱也頓時消失。

關於一件事情的對與錯、是與非，不能當機立斷是很危險的。你認為有價值的、對自己有利的，就要當機立斷。你認為不合自己利益的就乾脆不做。無論做任何事，只要認為該做的就去做。如果有天不想做了，就立刻退出或另謀出路。做任何事，優柔寡斷總是要吃虧的。何況世界上根本不存在什麼絕對的正確與絕對的錯誤。

華裔電腦名人王安博士，聲稱影響他一生的最大教訓發生在他 6 歲的時候。有一天，王安外出玩耍。路經一棵大樹的時候，突然有個東西掉在他頭上，他伸手一抓，原來是個鳥巢。他怕鳥糞弄髒衣服，於是趕緊用手撥開。鳥巢掉在地上，從裡

## 第四章　面臨選擇的權衡方法

面滾出一隻嗷嗷待哺的小麻雀，他很喜歡，決定把牠帶回家餵養，於是連鳥巢一起帶回家。王安回到家，走到門口，忽然想起媽媽不許他在家養小動物。所以，他輕輕把小麻雀放在門後，急忙走進屋內，請求媽媽的允許。在他苦苦哀求下，媽媽破例答應了兒子的請求。王安興奮地跑到門後，不料，小麻雀已經不見了，一隻黑貓正在那裡意猶未盡地舔著嘴。王安為此傷心了好久。從這件事，王安得到一個很大的教訓：只要自認對的事情，絕不可優柔寡斷，必須馬上付諸行動。

在人生中，思前想後、猶豫不決雖然可以避免一些做錯事的可能，但也可能失去更多成功的機遇。

當斷不斷，反受其亂。

# 每臨大事須靜氣

在緊急關口，許多人都會出於本能作出驚慌失措的反應。然而，仔細想來，驚慌失措非但於事無補，反而會平添許多混亂。試想，如果是兩方相爭的時候，對方就會乘人之危進攻，那豈不是雪上加霜嗎？

所以，在緊急時刻，臨危不亂、處變不驚、以高度的鎮定，冷靜地分析形勢才是明智之舉。

唐憲宗時，有個中書令叫裴度。有一天，手下人慌慌張張地跑來報告，說他的大印不見了。為官的丟了大印，可是件非

同小可的大事。但裴度聽了報告之後一點也不驚慌，只是點頭表示知道了。然後，他告誡左右的人千萬不要張揚此事。

左右之人看裴中書不如他們想像中的驚慌失措，都大惑不解，猜不透裴度是怎麼想的。更讓周圍的人驚訝的是，裴度就像完全忘了失印之事，當晚竟在府中大宴賓客，和眾人飲酒取樂，十分逍遙自在。

就在酒至半酣時，有人發現大印又被放回原處。左右手下又迫不及待地向裴度報告這一喜訊。裴度依然滿不在乎，好像根本沒發生過失印之事。那天晚上，宴飲十分暢快，直到盡興方才罷宴，然後各自安然歇息。

而左右始終不能揣測裴中書為何能如此成竹在胸，事後許久，裴度才向大家提到失印當時的處置情況。他教左右說：「失印的緣由想必是管印的官吏私下拿去使用，恰巧又被你們發現。這時如果嚷嚷開來，偷印的人擔心出事，驚慌之中必定會想毀滅證據。如果他真的把印偷偷毀了，印又從何找起呢？如今我們態度緩和，不驚慌失措，這樣偷印者也就不會感到驚慌，他就會在用過之後悄悄放回原處，而大印也會失而復得，不會發生什麼意外。所以我就如此那般地做了。」

從人的心理上講，遇到突發事件，每個人都難免產生驚慌的情緒，應該要想辦法控制。

楚漢相爭時，有一次劉邦和項羽在兩軍陣前對話，劉邦歷數項羽的罪過。項羽大怒，命令暗中潛伏的數千弓弩手一齊向

## 第四章　面臨選擇的權衡方法

劉邦放箭，有支箭正好射中劉邦胸口，傷勢沉重，痛得他彎下身子。主將受傷，群龍無首。若楚軍乘人心浮動發起進攻，漢軍必然全軍潰敗。猛然間，劉邦突然鎮靜起來，他巧施妙計：在馬上用手按住自己的腳，大聲喊道：「碰巧被你們射中了！幸好傷在腳趾，沒有重傷。」軍士們聽了，頓時穩定下來，終於抵擋住楚軍的進攻。

每臨大事都應靜氣，而這靜氣首先來自膽識和勇氣。膽識和果斷是連在一起的，遇事猶豫不決，顧慮重重，患得患失，謀而不斷，甚至被敵人的氣勢嚇倒，就談不上膽識！只有敢擔責任，當機立斷者，才能解危。

當我們遇到突如其來的意外事件時，腦中通常會一片空白，不然就是大哭大叫，很少有人笑得出來。

但意外發生時，通常也是最需要我們立刻做決定的時候，如果沒有冷靜思考的頭腦，就很難做出正確的決定。雖然，做出好決定有很多心法，但在這種意外狀況發生時，如果不能保持一顆冷靜的心，其他一切法則和技巧都派不上用場。只有冷靜下來，才能看清眼前的事情，理出一個可以解決問題的頭緒。

冷靜是知識、智慧的獨到涵養，更是理性、大度的深刻感悟。我們面對的是快速變化的世界，我們必須具有成熟的人性。否則，就算成功送到面前，我們還是難免因為毛躁而失敗。

風平浪靜的海面，所有船隻都可以並駕齊驅，但當命運的鐵掌擊中要害時，只有大智大勇之人方能處之泰然。

# 莫讓情緒牽著走

　　朋友老鄭是一個極為情緒化的人。5 年前,他與妻子離婚,至今孤身一人。單身的日子不好過,他時常借酒澆愁。每每提及往事,老鄭就後悔不已。原來,老鄭只是因為當年失業在家,心情不好,與妻子出現口角後,一怒之下與妻子離了婚。老鄭一直後悔當年的不理智,生活過得潦倒不堪。最近,他又因老闆的一句責備憤而辭職 —— 這是他失業五年後的第十三次辭職了。老鄭過於情緒化的脾氣一日不改,他潦倒的日子便一日都不會停歇。

　　在我們的日常生活中,常會遇到一些讓我們義憤填膺、怒氣難抑的事,碰到這種事情時,作出正確選擇的關鍵是「保持理性」。所謂的保持理性,就是不要讓情緒誤導你的選擇。人有七情六欲,就像人有五臟六腑一樣,是很自然的事,可是在做選擇的時刻,千萬不能被情緒牽著鼻子走,要發洩情緒可以回家關起門來一個人解決,不需要讓你的情緒再「害」你一次。

　　有些問題其實不難應付,要做出好選擇是很簡單的,偏偏有些人就是會把事情搞砸,原因不外乎情緒作祟。一旦人的思考空間被情緒佔滿,就沒有理性思考的空間了。沒有理性思考的空間,就會分不清什麼是對,什麼是錯,因而造成自討苦吃的下場。

## 第四章　面臨選擇的權衡方法

　　比方說，家庭主婦上超市買菜或逛百貨公司時，常會受到促銷活動的吸引，像是買一送三、年終大清倉、換季大拍賣。甚至在一些高級化妝品專櫃的促銷活動中，只想著「撿到大便宜了」，心裡就雀躍不已，不多加思考就拚命搶購。不然就是在專櫃小姐口中「太太真是漂亮！」、「一點都看不出 30 歲了」、「您的皮膚真好」等煙幕彈攻勢下，一時心花怒放，買了一大堆化妝品，回到家才後悔不已。這就是典型的「不理性決定」。

　　再舉個例子，小王在公司裡算是開國元老，聲望很高，也很得大家敬重；缺點就是太情緒化，雖然為人很講義氣，但也容易被別有用心的人利用。

　　有一天，有幾個同事向小王告狀，說新來的阿成向老闆說小王的是非，小王因此懷恨在心。

　　過了幾天，小王因業務需要，指派新來的阿成去辦一件事，阿成因為其他同事未能配合，沒把事情辦妥。老闆怪罪下來，阿成解釋是因為其他同事業務繁忙沒有配合，小王一聽，以為阿成在影射他辦事不力，就氣得跳腳，把阿成罵得狗血淋頭。阿成被罵得不知所措，老闆也覺得莫名其妙。

　　後來，老闆詢問幾個同事，才發現阿成所說的是事實，小王確實是反應過度。小王這才發現自己做了錯事，由於他的情緒化，也影響了他的升遷，真是得不償失。

　　情緒就像風一樣自由任性、捉摸不定；時間、地點、人物

等各式各樣的因素都會擾亂情緒的穩定。在不同狀態下所做的決定可能會受到情緒的影響。在這種情況下做出的決定往往是非理性的。所以我們必須利用邏輯的方法才能冷靜地做好決定。

所謂的邏輯是我們做判斷時運用的一種工具，也就是做決定時的工具；不過，這些工具及方法運用起來，需要花費很大的腦力，而這種耗費精神的事情對我們而言，往往是一種折磨。

人們總會因為不順心的事而大發脾氣或情緒低落消沉。掉東西時驚慌、謾罵；受到指責時憤憤不平；遭到侮辱時揮拳相向；失戀時借酒消愁；屢遭失敗時灰心喪氣；遇到難題時捶胸頓足；被人冤枉時火冒三丈；身體不適時心浮氣躁……這些似乎讓人感覺個人的情緒表現是由這些不順心的事直接決定的。但事實並非如此，只是因為人在成長過程中形成太多的思維模式，當受到「不順心」的環境事件刺激時，人們總是本能地認為那是不好的事，並進而將思維延伸到事件對未來的影響。而這種影響也往往是壞的，也就是說，人們總會往壞的方面想，而無視事情積極的方面。所以，正是因為個人的看法、理解等內在因素對外部刺激形成的固定反應，才使得外部因素更多地直接決定了個人情緒。

想要不被情緒牽著走，就要能靈活調整內部因素對外部因素的固定反應。當外部刺激可能導致個人情緒、行為的惡性變化時，人的看法與理解就必須能動地自我調整，採用逆向思考

方式，發掘積極的因素，阻止外部刺激對情緒和行為的不良影響，保證情緒的穩定、樂觀和行為的積極、正常。這樣就能夠化悲為喜、緩解矛盾、抑制憤怒，使一個人心胸豁達、輕鬆愉快、處事冷靜。

　　一個用情緒來決定事情的人，往往看不清事情的真相。不經由大腦，完全以直覺反應，而情緒又因時、因地、因物而有所不同，那麼處理事情便沒有準則。如果能花點心思想想再做決定，也就比較能掌握事情的結果。不會事到臨頭才乾著急。

　　要學習運用一些簡單邏輯來做判斷，強迫自己在做決定前先給自己一分鐘的選擇時間。有些時候在緊急情況下，必須立刻下決定，也應給自己 5 到 10 秒鐘的緩衝時間進行大方向的判斷。

　　如果你想讓人生豐富多彩，學會理性邏輯的思考判斷，對你會是很大的幫助。一個決定的品質如果很好，對我們會有很大的好處，相對地，對我們的傷害也會比較小；而決定的品質是要付出代價的，這些代價就是時間、腦力及方法，在這三方面投入的資源越多，品質當然越好。這絕對比事後付出的代價要省力得多。

　　因此，越是重要的決定，或者是關係到眾人利益晟，就越要注重做決定的品質才行。

　　一個錯誤的選擇，有可能讓我們花上一生的努力去彌補。

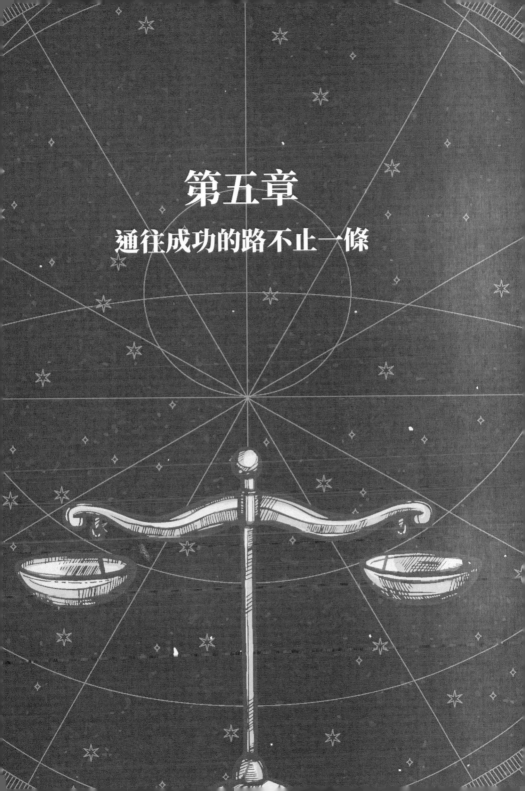

# 第五章

## 通往成功的路不止一條

## 拓寬選擇的視野

　　多年前，諾貝爾研究出硝化甘油新型火藥。這種火藥威力驚人，引起社會各界的爭議。有人認為他為挖掘工程提供了先進工具，也有人認為他為戰爭販子提供了殺人利器。他的工廠門前經常有人舉牌抗議和示威。

　　然而，更麻煩的事還是當時落後的生產工藝。在火藥生產過程中，諾貝爾的工廠發生過多次爆炸事件，有些人死於非命，其中包括諾貝爾的弟弟。諾貝爾本人也負傷累累。市民不能容忍城市中有座危險的火藥桶，紛紛向市政府請願，要求關閉諾貝爾的工廠。市政府便順從民意，強令諾貝爾工廠遷出城外。

　　無奈之下，諾貝爾決定將工廠整體搬遷。但是，搬到哪兒去呢？這座城市周圍是大片水域，陸地面積很小，任何居民都不會接受一座會爆炸的工廠。看來只有遷往人煙稀少的偏遠山區才不會有人反對，但昂貴的運輸費用卻使諾貝爾難以承受。以當時的技術條件，也很難保證長途搬運過程中不會發生爆炸事故。

　　怎麼辦？諾貝爾陷入進退兩難的困境。

　　有人勸諾貝爾乾脆別幹了。世上值得努力的事業多的是，何必一定要做這種吃力不討好的買賣？但諾貝爾卻不是個輕言放棄的人，無論付出多大代價，也要將自己鍾愛的事業奮鬥到底。他想，工廠搬遷，需要滿足人煙稀少、費用節省、運輸安

全三個條件，而這三個條件卻相互矛盾。他左思右想，終於想到一個主意：將工廠建在城外的水面上。在那個年代，這的確是個異想天開的構想，卻是能同時滿足上述三個條件的唯一辦法。

以當時的技術條件，在水面建廠的難度太大。諾貝爾的做法是：以一條大駁船做平臺，先將工廠比較不安全的部分生產廠房、火藥倉庫建在上面，用長鐵鍊繫在岸上；再將工廠其他部分建在岸上。一道大難題就這樣解決了。

還有這樣一個例子。某個星期六的早晨，牧師在準備第二天的講道。那是一個雨天，妻子出去買東西，小兒子在吵鬧不休，令牧師十分煩惱。最後，這位牧師在失望中撿起一本舊雜誌，一頁頁地翻閱，一直翻到一幅色彩鮮豔的圖畫 —— 是一幅世界地圖。他從那本雜誌上撕下這一頁，再把他撕成碎片，丟在地上，對兒子說：「小約翰，如果你能把這些碎片拼好，我就給你兩毛五分錢。」

牧師以為約翰會用去上午大部分時間完成這件事。沒想到，不到 10 分鐘，兒子就來敲他的房門，牧師驚愕地看著約翰如此之快地拼好了那幅世界地圖。

「孩子，你怎麼能拼得這麼快？」牧師問道。

「啊，這很簡單。圖畫背面有一個人的照片，我就把這個人的照片拼起來，然後把它翻過來。我想，如果把這個人拼對了，那這個世界地圖就是對的。」

## 第五章　通往成功的路不止一條

　　牧師的思路沒錯，如果要把這些碎片拼成世界地圖，確實需要大半天時間。可是他兒子卻發現一條省力省時的捷徑。這不能不算是個小小的發明，這種思路就叫另闢蹊徑。

　　另闢蹊徑往往意味著改變傳統思路，當我們感到迷惘的時候，當我們猶豫不決的時候，我們能不能這樣想想：這件事物的正面是這樣，假如反過來會怎麼樣呢？正面解決不了，那能不能從側面或後面解決？

　　世上只有難辦的事，卻沒有不可能的事。凡事都有解決辦法。當正常方法行不通時，打破固定思考方式，打開選擇的視野，難題也許就能迎刃而解。

　　世上無難事，只怕有心人。

# 換個角度想問題

　　麥克是一家大公司的高級主管，他正面臨一個兩難處境，一方面，他非常喜歡自己的工作，他很喜歡隨工作而來的豐厚薪水 —— 他的位置使他的薪水只增不減。但另一方面，他非常討厭他的上司，忍受多年後，最近他覺得自己已經到了忍無可忍的地步。經過慎重思考後，他決定去獵頭公司重新找個其他公司高級主管的職位。獵頭公司告訴他，以他的條件，再找個類似的職位並不困難。

　　回到家中，麥克把這一切告訴妻子。他的妻子是個老師，

那天剛剛教學生如何重新界定問題，也就是把你正在面對的問題換個面向思考。把正在面對的問題完全顛倒過來看——不僅跟你以往看這問題的角度不同，也要和其他人看這問題的角度不同。她把上課的內容講給麥克聽，這給了麥克很大啟發，一個大膽的創意在他腦中浮現。

第二天，他又來到獵頭公司，這次他請公司替他的上司找工作。不久，他的上司接到獵頭公司打來的電話，請他去別的公司高就。儘管他完全不知道這是自己的下屬和獵頭公司共同努力的結果，但正好這位上司也厭倦了自己現在的工作，所以沒有考慮多久，他就接受了這份新工作。

這件事最美妙的地方，就在於上司接受了新工作，他目前的位置空了出來。麥克便申請這個職位，於是他就坐上前任上司的位置。

這是個真實故事，在這故事中，麥克的本意是想為自己找個新工作，以躲開自己討厭的上司。但他太太教他換個角度想問題，也就是替他的上司，而不是他自己找份新工作，結果，他不僅仍然做著喜歡的工作，而且擺脫了讓自己煩心的上司，還得到意外的升遷。

在現實生活中，當你面對選擇時，也不妨換換視角，也許答案就會豁然開朗了。

要想真正發揮創新潛能，除了要有勇於嘗試與創新的勇氣，還必須精心培育你的創造力。

## 透過逆向思考尋求突破

有位大企業集團的董事長，他覺得自己年紀太大了，想把位子交給年輕人，但又不知該交給哪個人才好。於是他想出一個辦法。

有天，他把集團的總經理和副總經理兩人叫到辦公室，說出他想退休的想法，打算從他們兩人之中選一個來接替他的位子。為了公平起見，他給他們出了一道考題，誰能在最短時間內說出最好的答案，就是下一任董事長。

於是，老董事長出了個題目：如果你們兩人都有一匹馬，兩匹馬要賽跑，然而，比賽重點卻不是比快，而是誰的馬最慢跑到終點，誰才是贏家。請問你們該怎麼做？

總經理聽完後馬上舉手說道：「這很簡單，我會盡力拉住自己的馬，不讓牠前進。」

董事長聽了搖搖頭嘆口氣，這時副總經理卻說：「我會騎上對方的馬，快馬加鞭到達終點！」

這個出人意料的妙答，當然讓副總經理順利當上下一任董事長。

很多年前一次歐洲籃球錦標賽上，保加利亞隊與捷克斯洛伐克隊相遇。當比賽只剩 8 秒鐘時，保加利亞隊以 2 分優勢領先，且擁有發球權，這場比賽對保加利亞隊來說已穩操勝券，但是，那次錦標賽採用的是循環制，保加利亞隊必須贏 6 分以

上才能晉級。可要用剩下的 8 秒鐘再贏 4 分絕非易事。怎麼辦？

這時，保加利亞隊教練突然請求暫停。當時許多人認為保加利亞隊的淘汰已不可避免，該隊教練就算有回天之力，也很難力挽狂瀾。然而等到暫停結束，比賽繼續進行時，球場上出現一件令人意想不到的事：只見保加利亞隊持球的隊員突然運球跑向己方籃下，並迅速起跳投籃，球應聲入網。這時，全場觀眾目瞪口呆，比賽結束時間也到了。當裁判宣布雙方打成平局需要進入延長賽時，大家才恍然大悟：保加利亞隊出人意料的舉動，為自己創造了起死回生的機會。延長賽的結果是保加利亞隊以 6 分獲勝，最後如願以償地晉級。

如果保加利亞隊堅持以正常打法打完全場比賽，絕對無法獲得真正的勝利，而往自家籃下投球這招，頗有以退為進之妙。在一般情況下，按常規辦事並不算錯，但是，當常規已不適用於發生變化的新情況時，就該開放思想，打破常規，致力創新，另闢蹊徑。只有這樣，才可能化腐朽為神奇，在似乎絕望的困境中找到希望，創造出新的生機，取得出人意料的勝利。

當我們在生活中發生無路可走的情況時，回過頭來，繞道而行就能找到一條新路，所以世上沒有絕路。而我們之所以會感到面對「絕路」，是因為我們自己把路走絕了，或者說我們的思路狹隘，缺乏創新的意識。

山窮水盡疑無路，柳暗花明又一村。

## 第五章　通往成功的路不止一條

# 大路車多走小路

　　一位乘客上了計程車，說出自己的目的地。司機問道：「先生，是走最短的路，還是最快的路？」乘客不解：「最短的路，難道不是最快的路嗎？」司機回答：「當然不是。現在是上班尖峰時間，最短的路交通擁擠，搞不好還會堵車，所以用的時間一定更多。要是你有急事，不妨繞點路，反而能夠早到。」

　　生活中有很多時候我們會遇到類似的選擇，雖然條條大路通羅馬，但最快的路不一定是最短的路，到達目的地最短的路，可能由於某種原因反而使我們浪費更多時間。

　　林肯曾經說過：「我從不為自己定下永久適用的政策。我只是在每個具體時刻爭取做最合乎當下情況的事。」英國大科學家兼電話發明人貝爾說：「不要常走人人都走的大路，有時另闢蹊徑前往叢林深處，也許會讓你發現從來沒見過的東西和景物。」

　　人類有種習慣，往往人云亦云，人行亦行。這樣的做法，只會讓人終其一生作個追隨者、模仿者、平凡人，難以成為創造新天地的獨特人才。

　　富蘭克林說：「思考者應該走在眾人的前面。」這就是說，凡是想成功的人，就必須有特立獨行的精神，必須另行開闢新天地。有位成功的商業人士說：「我們每個月要有一天當作計劃日，這天不做別的工作，只用來思考和計劃未來一個月的工作，找出新方向和新出路。」

1980 年代，德國賓士汽車受到日本大量優質低價車的衝擊，日子逐漸難過起來。怎麼辦？造出世上第一輛汽車的賓士，難道已經老態龍鍾，無法適應新社會了？

但賓士的掌門人埃沙德‧路透絕不會讓賓士汽車在自己的手上拋錨。這個雄心勃勃的德國人，為賓士車選擇了與眾不同的另一條道路。他保證這條與眾不同的道路，將會令賓士車迅速平穩地再次奔馳。

路透為賓士車選擇的是高價路線：「賓士車的售價將比其他品牌汽車高出兩倍」。路透似乎早已下定決心，他知道如果設法提高賓士車的品質，以優質為基礎的高價必能帶給消費者無上的尊貴感、滿足感。

為了激勵全體員工共同實現新目標，路透覺得有必要親自到廠房和試驗場身體力行。他當然知道這逆風而行的一步如果成功，將給賓士公司帶來多高的榮譽，但他更清楚這步一旦失足將會造成多大的損失。所以他必須鼓起所有人的士氣走好這步險棋。

路透和他領導的公司永遠不願像恐龍那樣成為無法適應變化的角色。在賓士 600 型高級轎車問世前，路透便對他的技術專家說：「我最近想出一個很棒的汽車廣告，當然是為我們賓士想的。這廣告是：『當這款賓士轎車行駛的時候，最大的噪音就是車裡的電子鐘。』我準備把這款賓士車定價為 17 萬馬克。」專家們當然明白總裁的意思，卻仍不免大吃一驚：17 萬馬克，

可以買好幾輛普通轎車啊！

　　也許是總裁的表現感動了那些專家，他們廢寢忘食地工作，以驚人的速度，成功地把新型優質賓士轎車獻給埃沙德‧路透。路透從病床起來後的第一道命令便是宣布將賓士轎車的價格提高一倍。這道命令不僅震驚整個德國，更讓全世界的汽車工業驚惶不已。

　　路透的願望很快變成現實，聞名世界的高級豪華轎車賓士600問世了，它成了賓士轎車家族中最高級的車型，豪華內裝，美觀的外部造型，無與倫比的品質莫不令人嘆為觀止。很快地，各國政府首腦、王公貴族及名人都競相選擇賓士600作為交通工具，因為擁有賓士轎車，不再只是財富的象徵。

　　現在，賓士汽車公司已是德國汽車製造業的龍頭，也是世界商用汽車的最大跨國製造企業之一，賓士汽車以優質高價著稱於世，且歷時百年而不衰。

　　當其他企業大多走降低成本、降低商品價格的道路以達到增強競爭力的目的時，賓士公司卻走了條小路。這不能不說給了很多人某種啟示。

　　當很多人擠在同一條大路上的時候，只要你擁有足夠的謀略、實力和信心，另選小路而行，也許反而到得更快、更輕鬆。

　　走小路本身就是對舊格局的否定，其中帶有某種風險；但沒有披荊斬棘的勇氣，就無法在小路上走出一片新天地。

# 直路不通走彎路

如果在一個房間裡放飛一隻蜻蜓，牠會拚命飛向玻璃窗，但每次撞上玻璃，掙扎許久恢復神志後，牠會在房間裡繞上一圈，然後依舊飛向玻璃窗，當然，牠還是只能「碰壁而回」。

其實，旁邊的門開著，只因那邊看起來沒有這邊亮，所以蜻蜓根本不會朝門飛去。追求光明是多數生物的天性，牠們不管遭受怎樣的失敗或挫折，還是會堅決尋求光明的方向。當我們看見碰壁而回的蜻蜓時，也該從中悟出這樣一個道理：有時，我們為了達到目的，選擇一個看來比較遙遠、比較無望的方向，反而能更快如願以償；相反地，則會永遠在嘗試與失敗之間兜圈子。

百折不回的精神雖然可嘉，但如果望見目標，而面前卻是一片陡峭的山壁，沒有可以攀援的路徑時，我們最好換個方向，繞道而行。為了達到目標，暫時走走與理想相背的路，有時正是智慧的表現。

魯迅先生曾說過：「其實地上本沒有路，走的人多了，也便成了路。」而世間之路有千千萬萬，綜而觀之，不外乎兩類：直路和彎路。

毫無疑問，人們都願走直路，沐浴著和煦的微風，踏著輕快的步伐，踩著平坦的路面，無疑是種享受。相反地，沒人樂意去走彎路，在一般人眼裡，彎路曲折艱險又浪費時間。然

## 第五章　通往成功的路不止一條

而，人生的旅程中彎路居多，山路彎彎，水路彎彎，人生之路
亦彎彎，所以喜歡走直路的人要學會繞道而行。

學會繞道而行，迂迴前進，這適用於生活中的許多領域。
比如當你用一種方法思考一個問題或從事一件事情，遇到思路
堵塞之時，不妨另用他法，換個角度思索，換種方法重做，也
許你就會茅塞頓開，豁然開朗，有種「山窮水盡疑無路，柳暗
花明又一村」的感覺。

繞道而行，並不表示你面對人生的紅燈而退卻，也並不表
示放棄，而是在審時度勢。繞道而行，不僅是種生活方式，更
是一種豁達和樂觀的生活態度和理念。大路車多走小路，小路
人多爬山坡，以豁達的心態面對生活，勇於並善於走自己的
路，這樣你永遠不會是個失敗者，而是個開拓創新者。

不要焦急！我們所走的路是一條盤旋曲折的山路，要拐許
多彎，繞許多圈子，我們常會覺得好像背離了目標，但其實，
我們總是離目標越來越近。

# 第六章

## 選擇需要捨得放棄

# 你只能坐一把椅子

　　人生有得有失，我們只能朝一個方向前進，而不能同時朝好幾個方向走。面臨人生重要關口時，你可要看準了、想好了。否則，只能原地踏步或繞圈子。所以，聰明人總是在得失之間及時選擇，把一切不利於自己的東西都拋開。

　　世界級著名男高音帕華洛帝（Luciano Pavarotti）在選擇努力方向時也曾面臨人生的岔路口。帕華洛帝在一所師範院校上學時，家鄉義大利蒙得納市一位名叫阿利戈・波拉的專業歌手收他為徒。畢業時，帕華洛帝問他父親：「我該怎麼辦？是當老師還是歌唱家？」他父親回答道：「盧西亞諾，如果你想同時坐兩把椅子，你只會掉到兩把椅子中間的地上，在生活中，你應該選定一把椅子。」後來，帕華洛帝回顧成功之路時說：「我選對了，我忍住失敗的痛苦，終於成功了。現在我的看法是：不論是砌磚工人還是作家，不管我們選擇何種職業，都應有一種獻身精神，關鍵是堅持不懈，但作出選擇才是重要的前提。」

　　你不可能魚和熊掌兼得，除非天下人的智慧和運氣都集中在你一個人身上。想多坐幾把椅子，結果往往一把也坐不成，只有真正理解得失之間自然規律的人，才能擁有精彩的人生。

　　常言道，有得必有失。任何一個人若在某一領域有所作為，必定會在其他領域顯得笨拙。如同把一塊上等的木頭雕成一件工藝品一樣，你必須知道哪些部分必須除去，才可能做成

一件工藝品。否則，什麼都想留著，最後得到的只會是塊原封不動的木頭。同理，在成就事業方面，我們只有放棄不必要的部分，才能真正獲得嶄新的部分。

在一次座談會上，一位神情凝重的長者對大家說：「年輕時，我也曾有個偉大的志向。我想成為一個博學多才的人，我也認真去做了。到現在，我想對你們說，面對浩瀚無垠的知識海洋，人的一生所學不過是滄海一粟。毫不謙虛地說，我的知識比在座的誰都要廣，但可憐得很，我在任何方面都沒有獨特的建樹。」

事實上，許多人並非不曾努力，而是精力過於分散，志趣不專。要想擁有精彩的人生，就該體悟生命中的得失是必然的。人不可能只有得沒有失，也不能只要失而沒有得。唯有這樣的體悟，才能衝破層層迷霧，開啟新的人生。

在此，讓我們深深體會莊子的一句話：「吾生有涯，而知無涯，以有涯逐無涯，則殆矣。」

魚與熊掌不可兼得。想同時坐幾把椅子的人，結果往往一把也坐不成。

# 放棄是選擇的影子

　　沒有放棄，就無所謂選擇。大多數人為選擇而苦惱的本質，都是源於不懂放棄、不甘放棄。當一個出國進修的機會與一份優渥的工作擺在你面前時，與其說你不知如何選擇，不如說你不懂得放棄。一個人選擇得當，是因為能適度放棄而已。

　　人生苦短，要想獲得越多，就得放棄越多。那些什麼都不放棄的人，就不可能獲得想要的東西，結果必然是對自己生命最大的放棄，讓自己的一生永遠碌碌無為。

　　有位記者曾經採訪一位事業成功的女士，請教她成功的祕訣，她的回答是——放棄。她用親身經歷對此作了最具體生動的詮釋：為了讓事業成功，她放棄了很多很多：優裕的城市生活、舒適的工作環境、數不清的假日、身體健康乃至生命安全……

　　有時，當提議朋友一起聚會或集體旅遊時，我們常會聽到朋友發出類似的抱怨：唉，有時間時沒錢，有錢時又沒時間。其實，人生不存在完美的狀態，你只能在目前的情況與條件下做出自己的決定。選擇不能拖欠，當你想著等待更好的條件時，也許已經錯過了選擇的機會。

　　該放棄時一定要放棄，不放下手中的東西，你又怎能拿起其他東西呢？

天道酹薔，造物主不會讓一個人把所有好事全包了。魚與熊掌不可兼得，有所得必有所失。從這個意義上說，任何獲得都是以放棄為代價。人生苦短，要想獲得越多，自然就必須放棄越多。不懂得放棄的人往往不幸。曾聽朋友說起他所在職場一位女士的故事，此人年逾不惑，仍待字閨中。但不是她不想結婚，也不是條件不好，錯過幸福的原因，正是在於她想得到太多幸福，或者說，她什麼都不肯放棄：平庸者她不屑一顧；有才無貌者她也看不上眼；等到才貌雙全了，地位低微又使她的自尊心虛榮心受到極大的打擊⋯⋯有沒有她理想中的白馬王子呢？也許有，但我猜想，那一定是在天上而不在人間。

每一次默默的放棄，放棄某個心儀已久卻無緣份的朋友，放棄某種投入卻無收穫的事，放棄某種心靈的期望，放棄某種思想，這時就會生出一種傷感，然而這種傷感並不妨礙我們重新開始，在新的時空重聽一遍音樂，再說一次故事！因為這是一種自然的告別與放棄，它富有超脫精神，因而成為美麗的傷感！

曾經有種感覺，想讓它成為永遠。過了許多年，才發現它已漸漸消逝。後來悟出：原來握在手裡的不一定就是我們真正擁有的，我們所擁有的也不一定就是我們真正銘刻在心的！繼而明白，人生很多時候，需要的是一種寧靜的關照和自覺的放棄！

世間有太多美好的事物，美好的人。對不曾擁有的美好，我們一直苦苦嚮往並追求。為了獲得而忙碌，可真正的所需所

想，往往要在經歷許多流年後才會明白，甚至窮盡一生才明白！而對已經擁有的美好，我們又因經常得而復失而懷著忐忑與擔心，夕陽易逝的嘆息，花開花落的煩惱，人生本是不快樂的！因為擁有的時候，我們也許正在失去，而放棄的時候，我們也許又在重新獲得。對萬事萬物，我們都不可能有絕對的把握。如果刻意去追逐與擁有，就很難走出外物繼而走出自己，人生那種不由自主的悲哀與傷感便會更加沉重！

　　所以生命需要昇華出安靜超脫的精神。明白的人懂得放棄，真情的人懂得犧牲，幸福的人懂得超脫！當若干年後我們知道自己所喜愛的人仍好好的活著，我們會更加心滿意足！「我不是因你而來到這個世界，卻是因為你而更加眷戀這個世界。如果能和你在一起，我會對這個世界滿懷感激，如果不能和你在一起，我會默默走開，卻不會失去對這世界的愛與感激 —— 感激上天讓我與你相遇與你別離，完成上帝所創造的一首詩！」生命給了我們無盡的悲哀，也給了我們永遠的答案。於是，安然一份放棄，固守一份超脫！不管紅塵世俗的生活如何變遷，不管個人的選擇方式如何，更不管握在手中的東西輕重如何，我們雖逃避但也勇敢，雖傷感但也欣慰！

　　有一種美麗叫做放棄。我們像往常一樣走向生活深處，我們像往常一樣在逐步放棄，又逐步堅定！

# 執著與放棄都需要勇氣

執著與放棄都需要很大的勇氣。在執著地追求時，往往要做出犧牲，而那樣的犧牲就叫放棄，在決定放棄時，又經常是為了追逐別的事物。

天底下出現事事完美的機率低得不能再低，魚與熊掌有九成九的機會不可兼得。這就是選擇。

選了這個，就得放棄那個，要想兩手都抓，到頭來很可能發現自己落得什麼都得不到的下場。

記得有一首歌的歌詞大概是這樣：「如果全世界我都可以放棄，至少還有你值得我去珍惜……也許全世界我也可以忘記，就是不願意失去你的消息。」

我們無意探究選擇的正確與否，畢竟每個人都有不同的顧慮。但是，在做出選擇時，捨不得可以說是最容易出現的問題和苦惱。

我們說什麼都不可能就這樣捨棄一個有重要意義的東西，不管它究竟能不能用金錢衡量。可是硬要選呢？選擇愛情，還是麵包？

選擇轟轟烈烈，濃烈到死去活來的愛情，還是選擇平靜無波的恬淡關愛？選擇能夠讓自己站上世界舞臺的事業，還是選擇每天都能開開心心與心愛的人一起吃晚餐？選擇執著，還是放棄？

有時候，放棄是不得不做的選擇。可是能夠完全放下的人不多。

你有所選擇，同時你就有所失去。這是一種交換。

人之一生，需要我們放棄的東西很多。我們必須學會放棄。幾十年的人生旅途，會有山山水水，風風雨雨，有所得也必然有所失，只有學會放棄，我們才能成熟，才會活得更加充實、坦然和輕鬆。

比如大學畢業分手的那一刻，當同窗數載的朋友緊握雙手，互相輕聲說保重的時候，每個人都忍不住淚流滿面……放棄一段友誼固然於心不忍，但每個人畢竟都有各自的旅程，我們又怎能長相廝守呢？固守著一位朋友，只會擋住我們人生旅程的視線，讓我們錯過一些更美好的人生畫面。學會放棄，我們就有可能擁有更廣闊的友情天空。

放棄一段戀情也是困難的，尤其是放棄一場刻骨銘心的戀情。但是既然那段歲月已悠然遁去，既然那個背影已漸行漸遠，又何必要在一個地方苦苦守望呢？不如冷靜地後退一步，學會放棄，一切又會柳暗花明。

你有所選擇，同時也有所失去。這是一種交換。

# 該放手時要捨得放手

在印度熱帶叢林裡，人們用一種奇特的狩獵方式捕捉猴子：在一個固定的小木盒裡裝上猴子愛吃的堅果，盒上開個小口，剛好夠猴子的前爪伸進去。猴子一旦抓住堅果，爪子就抽不出來了。人們常用這種方式捉到猴子，因為猴子有種習性：不肯放下已經到手的東西。

我們一定會嘲笑猴子很蠢！鬆開爪子不就能溜之大吉了嗎？但想想我們自己，看看身邊一些人，也許你會發現：其實，人也會犯猴子所犯的錯。

你看，因為放不下到手的名利、職位、待遇，有些人整天東奔西跑，荒廢了工作也在所不惜；因為放不下誘人的錢財，有些人成天費盡心機，利用各種機會想撈一把，結果卻作繭自縛；因為放不下對權力的占有欲，有些人熱衷於溜鬚拍馬、行賄受賄，不怕丟掉人格尊嚴，一旦東窗事發，才後悔莫及……

生命如舟。生命之舟載不動太多物欲和虛榮。要想在抵達理想的彼岸前不在中途擱淺或沉沒，就只能輕載，只取需要的東西，把那些可放下的果斷地放掉。

假如你的腦袋像個塞滿食物的冰箱，你就應當盤算什麼東西該丟，否則，永遠不可能放進新的東西。不丟出去，有些東西反而還會在裡面慢慢腐壞；有些東西丟了可惜，但放一輩子

也吃不了。所謂的「人生觀」，大概就是如何為自己的「冰箱」決定內容物的去留問題吧！

　　生活中，每個人都該學會盤算，學會放棄。盤算之際，有掙扎有猶豫。沒有人能夠為你決定什麼該捨，什麼該留。所謂的豁達，也不過是明白自己能正確處理去留和取捨的問題。丟掉一個失去後不會對你產生多大影響的東西，你會對自己說，你可以做得比現在更好，還怕找不到更好的？

　　在工作與生活中，我們每個人時刻都在取與捨中選擇，我們又總是渴望著取，渴望著占有，常常忽略了捨，忽略了占有的反面：放棄。

　　其實，懂得放棄的真意，也就理解了「失之東隅，收之桑榆」的妙諦。多一點中庸思想，靜觀萬物，體會宇宙般博大的胸襟，我們自會懂得適時地有所放棄，這正是我們獲得內心平衡，獲得快樂的祕方。

　　在電影《臥虎藏龍》裡，李慕白對師妹曾說過這樣一句話：「把手握緊，什麼都沒有，但把手張開就可以擁有一切。」這一取捨的道理誰都知道，但身體力行卻很困難。

　　其實有時會得到什麼、失去什麼，我們心裡都很清楚，只是覺得每樣東西都有它的好處，權衡利弊，哪樣都捨不得放手。現實生活中並沒有在同一情形下勢均力敵的東西。它們總會有差別，因此，你應該選擇對長遠利益更重要的東西。有些東西，你以為這次放棄了就不再出現，可當你真的放棄，你會

發現它在日後仍會不斷出現，和當初來到你身邊時沒有任何不同。所以那些你在不經意間失去但不重要的東西，完全可以重新爭取回來。

「捨得」這兩個字是分不開的，有捨才有得，決定了就別反悔，生命的火車不等人，也許在你做決定的同時，你已經失去了一些東西也說不定呢。

## 堅持與放棄並不矛盾

有人曾問一位成功的企業家，他的成功祕訣是什麼？這位企業家毫不猶豫地回答：第一是堅持，第二是堅持，第三還是堅持。沒想到他最後又加了一句：第四是放棄。確實，在一定條件下，放棄也可能成為走向成功的捷徑。條條大路通羅馬，東邊不亮西邊亮。只要找到適合自己才能的努力新方向，就有可能創造出新的輝煌。

人不應該輕言放棄，因為勝利常常孕育在再堅持一下的努力之中。古時愚公移山是種偉大的堅持；科學家的發明創造也是種偉大的堅持。法國傑出的生物學家巴斯德有句名言：「我唯一的力量就是我的堅持精神。」不少人在前進的道路上，本來只要再多努力一些，再忍耐一些就能成功，卻在最後放棄，結果與即將到手的成功失之交臂。只有經得起風吹雨打，在各種困難和挫折面前永不放棄的人，才有可能成功。但是，有時你

已付出最大的努力，還是得不到理想的結果。這時就需要認真考慮：如果是自己選定的目標、方向與自己的才能不相匹配，就需要勇敢地選擇放棄，另尋出路。軍事上有「打得贏就打，打不贏就跑」之說，明知道不是敵人的對手，勝利無望，卻硬要雞蛋往石頭上碰，白白送死，不是太蠢了嗎？這時最好的選擇是「打不贏就跑」。這不是怯懦，而是有大智慧的勇敢：勇敢地承認自己的選擇錯了。

當然，勇於放棄不是毫不在乎，也不是隨隨便便，而是以平常心對待一切，既要抓住機遇，勤奮努力，又要放棄那些不切實際的幻想和難以實現的目標，做到不急躁、不抱怨、不強求、不悲觀。人生在世，不可能沒有理想，沒有奮鬥的目標。但人生如果總是無止境地追求而不知放棄，對完全不可能實現的目標窮追不捨，結果不但是無端浪費時間和精力，而且會因達不到預期目標而煩惱不已，痛苦不已。正確的態度是：既要有所追求，又要有所放棄，該得到的得到，心安理得；不該得到的，或得不到的則主動放棄，毫不足惜。學會放棄，你就會告別因求之不得而帶來的諸多煩惱和苦悶，就會丟掉那些壓得你喘不過氣的沉重包袱，就會輕裝前進，就會活得瀟灑自在。

以創業來說，放棄對於每個創業者來說都是痛苦不堪的事。然而，在適當的時候放棄也是種成功。因為，適時放棄能讓你騰出精力去做更有意義的事，能讓你避免浪費有限的資金以便「東山再起」。

放棄令人痛苦不堪之處，既表現在猶如割肉的痛苦，也表現在極難掌握放棄的時間，掌握這個時機是非常困難的。我以為，當你確認現有的資金無法讓你支撐到新的資金注入時，就該果斷放棄。如果你一定要堅持到「彈盡援絕」，那麻煩就會更大，千萬別去賭「天上掉下來的禮物」。當市場發生重大變化使你的核心競爭力大大降低，而你又無法拿出應對措施時就該放棄，別讓自己「死」得太慘，如果那樣，也許你連「東山再起」的機會都沒了。

明智的放棄不是消極避世，不是鬥志衰退，而是一種積極進取的心態，是一種大勇敢。

## 得失之間如何取捨

面對人生的得與失，人們怕的不是得，而是失。只有明白得與失的這種辯證關係後，才能在得失之間做出明智的選擇。

美國石油大王約翰·D·洛克斐勒在 33 歲時成為美國第一個百萬富翁，43 歲時創立世上最大的壟斷企業——標準石油公司，每週收入高達 100 萬美元。然而，他卻是個只求「得」，不願「失」的資本家。一次，他託運 400 萬美元的穀物。在途經伊利湖時，為避意外之災，他投了保險。但穀物託運順利，並未發生意外，於是，他為所交的 150 美元保險費懊悔不已，傷心到失魂落魄，病倒在床。他這種患得患失、斤斤計較的觀

念為他帶來不少煩惱，使他的身心健康受到嚴重損害。到 53 歲時，他「看起來像個木乃伊」，形同「死亡」。醫生為了挽救他的性命，為他做了心理諮詢，告訴他只有兩種選擇：要不是失去一定的金錢，不然就是失去生命。在醫生的幫助和治療下，他對此終於有了深刻的醒悟。他開始為他人著想，熱心捐助慈善和公益事業，他先後捐出幾筆鉅款給芝加哥大學、塔斯基黑人大學，並成立一個龐大的國際性基金會 —— 洛克斐勒基金會 —— 致力於消滅世界各地的疾病、文盲和無知。洛克斐勒把錢捐給社會之後，感到人生最大的滿足，再也不為失去的金錢而煩惱。最後他輕鬆快活地多活了 45 歲。

生活像一團火，能使人溫暖，也能使人煩躁。經受了得與失的考驗，人生就會變得和諧快樂。

對於得失，態度要坦然。關於坦然，第一就是生活賜予你的，要好好珍惜，不屬於你的，就別自尋煩惱；第二，就是得失皆宜。得而可喜，喜而不狂；失而不憂，憂而不慮。這種態度，比那種患得患失、斤斤計較的態度開朗，比那種得不喜，失不憂的淡然態度要積極，要有熱情。因為患得患失是不理智的，得失不計是不現實的。該得則得，當捨則捨，才能坦然面對得與失，找到生活的意義。這樣的得失觀才是比較客觀而又樂觀的。對於得失的認知要分明。在生活中，有的得，不是想得就能得，有的失，不是想失就可失去；有的得是不該得，有

的失是不應失。誰得到不該得的，就會失去該擁有的。當嗜取者取得不義之財的同時，就失去了不應失去的廉正。因此，當得者得之，當失者失之，不要得小而失大，亦不要得大而失小。

對於得失，取捨要明智。必須權衡其價值、意義的大小，才能精準掌握取捨得失的過程，明白該得到什麼，不該得到什麼；該失去什麼，不該失去什麼。比如，為了熊掌，可以失去魚；為了熱愛的事業，可以失去消遣娛樂；為了純真的愛情，可以失去誘人的金錢；為了科學與真理，可以失去利祿乃至生命。但是，絕不能為了得到金錢而失去愛情，為了保全性命而失去氣節，為了個人功名而失去人格，為了個人利益而失去團體乃至國家和民族的利益。

得與失之間並非絕對相等。在某方面得到的多，可能在另一方面就得到的少；在某方面失去的多，可能在另一方面就失去的少。比如，有些人在物質上得到的少，失去的多；但在精神上得到的多，失去的少。有些人在精神上得到的少，失去的多，卻在物質上得到的多，失去的少。由於各人的人生觀、價值觀不是絕對相同，各人在得失上也不可能絕對相等。人生在世不可能得到所有東西，也不會失去所有東西。有所得必有所失，有所失必有所得，只是多少的問題，大小的問題，正反的問題，時間的問題。

好與者，必多取。小的損失可以換取大的利益。與人交往

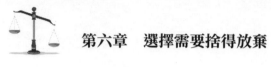

# 第六章　選擇需要捨得放棄

要懂得取捨、懂得放棄。一味地取，只能是急功近利顯得小氣，一味地捨，只能是最終一無所獲。智者的收穫往往都建立在取捨有度的基礎上。

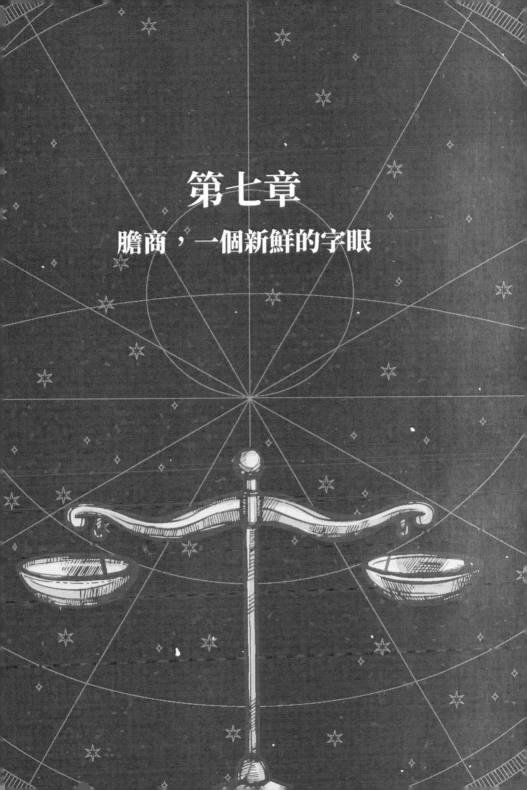

# 第七章

## 膽商，一個新鮮的字眼

# 你的膽商有多高

不少人常用後悔的口吻說：當年我要是如何如何，今天早已成就富貴了。看準一條路卻不敢去走，是人生悔恨的常見原因。為什麼當時沒有膽量呢？

成就一番事業，過去的說法是取決於一個人智商的高低。後來，又有人發現情商其實也很重要。而在當今這個紛繁複雜的環境中，膽商這一新鮮的字眼躍入了人們的眼簾。

智商，是一種表示智力高低的數量指標，也可以表現為對知識的掌握程度，反映人的觀察力、記憶力、思考力、想像力、創造力及分析問題和解決問題的能力。情商，就是管理自己的情緒和處理人際關係的能力。膽商，則是一個人膽量、膽識、膽略的度量，展現的是冒險精神。專家認為，在成功商數中，智商是成功的必要而非充分條件，情商是成功的心理基礎，膽商是成功的前提。要事業有成，三者缺一不可。

智商並不是固定不變的，它可以透過學習和訓練得到開發增長。走向成功，就必須不斷學習 —— 不僅從書本學習，而且向社會學習，向周圍的同事和上司學習 —— 不斷累積智商。同樣，面對快節奏的生活、高負荷的工作和複雜的人際關係，沒有高情商，只是埋頭工作，也是難以成功的。

在這裡，編者想多說說膽商。膽商高的人具有非凡的膽略，能夠臨危不亂、破釜沉舟、力排眾議；具有決策的魄力，

能夠把握機遇，該出手時就出手，以最快的速度應對環境的變化。若沒有敢為天下先、勇於承擔風險的膽略，任何時候都成不了大業。大凡成功人士，都有敢闖敢試敢幹的過人膽略。一個創業者、企業家的膽商，在某些關鍵時刻，甚至能決定企業的興衰成敗。

現實生活中，隨處可見由於「膽商」不足，使得許多好想法束之高閣，許多新舉措流於空談，許多好機制難以見效的例子。想法太多，導致顧忌太多，口稱「好箭」，僅在手中搓來搓去，就是不敢射出去，有何益處？

有冒險就有失敗的可能，失敗是冒險的成本。世上沒有萬全之策，生活中到處可見成本。有人戲言：向前邁步的成本是不能後退，歡樂的成本是忘卻痛苦；偷懶的成本是失去工作；勤勞的成本是引來妒忌；學習的成本是寂寞；思考的成本是孤獨；清高的成本是失群；隨和的成本是被輕視；權利的成本是義務；貪圖享樂的成本是虛度年華；分工的成本是知識的分立和資訊的不對稱；合作的成本是個人服從組織和兼容並蓄；規範的成本是創新；創新的成本是風險；死的成本是一無所知；而生的成本是喜怒哀樂愁。若要等到有 100%的保險係數再去做，那就真是什麼事也做不成了。

某媒體負責人曾經對「膽商」、「智商」和「情商」的關係做過如下評述：「智商反映的是一個人的智力水準、知識結構，這些是做出決斷的基礎；情商反映的是一個人和其他人打

交道的能力，在不同環境中的應變能力，這是做出決斷的前提；膽商則是在該做決斷時勇於『拍板』的勇氣。三者相輔相成，缺一不可。沒有智商的膽商是莽撞；缺乏膽商的智商則會表現為優柔寡斷，前怕狼後怕虎，只會貽誤大好時機。」

失去金錢的人損失甚少，失去健康的人損失極大，失去勇氣的人損失一切。

## 成就源自果敢的選擇

拿破崙・希爾（Napoleon Hill）是美國著名的成功學家。他創造性地建立了全新的成功學，是世界上最偉大的精神勵志導師。他的成功，來自一次他對安德魯・卡內基的採訪。那次採訪改變了他的思想，從而改變了他一生的道路，使他成為他想成為的人。

那時，拿破崙・希爾只是個剛剛拋棄了煤礦和小鎮生活、口袋裡連回家路費也沒有的青年，他剛剛得到為《鮑勃・泰勒雜誌》採訪美國商業巨頭的工作。當他走進座落於紐約第五大道上的安德魯・卡內基那座有四層樓、64 個房間的大樓時，他有生以來第一次見到如此驚人的財富。忐忑不安的拿破崙・希爾被帶進安德魯・卡內基寬闊的書房。書架上有數千本書，四周牆上貼滿卡內基本人喜愛的格言警句。其中，卡內基特別喜

愛並貼在醒目位置的是這樣一句格言：不會想的人是傻瓜，不願想的人冥頑不化，不敢想的人是奴隸。

這次採訪限定在 3 小時內完成。但 3 小時後，卡內基卻說：「現在我們的訪談才剛開始，到我家去，晚上住我那裡，晚飯後我們繼續聊。」採訪持續了 3 天，卡內基以「成功原則」為核心滔滔不絕地談論，向希爾講述思想在人生中的重要地位。他說，思想是人類無窮無盡力量的真正源泉，處於支配地位的思想造就了一個人。卡內基以美國的誕生經過為例，闡述人類思想的力量：「美國人之所以是世界上最富有、最自由的人，原因之一，就在於我們是以自由和豐富的思想去思考、去辯論、去行動。正是因為對自由的渴望和追求，美國才得以誕生。我們對自由的思考和談論很多，自由的觀念已深深扎根於我們的思想和感情之中，因此我們才能為之戰鬥，最後並為自己贏得自由。」

卡內基告訴希爾，學會控制自己的思想，有助於形成自己的個性。他說，思想是一切幸與不幸的源頭，它既為你帶來友誼，也會為你帶來仇敵。思想本身沒有界限，如果說有，也只是因為有些人因缺乏信念而給自己套上枷鎖。卡內基自豪地說：「如今的我，已不再為貧窮而苦惱，因為是我在主宰自己的思想，而我的思想會為我帶來我所需的一切，甚至還多得多。這種思想的力量具有普遍性，它的作用，無論是對最卑微的人或最偉大的人都一樣，沒有任何區別。」

## 第七章　膽商，一個新鮮的字眼

　　花了 3 天時間談論他的人生哲學與建立這一哲學的必要性後，卡內基提出一個大約要花上 20 年才能完成的宏大計畫：廣泛採訪社會各階層的千百名成功人士，包括研究那些已去世的偉人的創業經歷，然後將蒐集的所有資料進行分類整理，深入研究並加以提煉，最終形成一系列綜合原則，從而使偉人的精神力量在改變他們自己的生活後，也能幫助千百萬人改變他們的生活。

　　卡內基直截了當地問希爾：是否相信自己有能力擔負這個艱鉅任務。希爾深感榮幸，考慮了不到半分鐘就決心接下這個任務。卡內基告訴希爾，他給希爾的考慮時間是 60 秒。只要超過一秒鐘，卡內基就會收回這個要求，因為「一個人在熟悉了所有狀況後，若還無法果斷做出決定，那就不該相信他會實行他將做出的任何決定。」

　　正當希爾為通過卡內基的考驗而欣慰時，他又被接下來提出的條件震驚了。

　　卡內基告訴希爾，他交付希爾的這項任務中，絕對不包含任何資金酬勞，甚至不包括希爾在完成工作期間必須支出的實際費用。希爾簡直無法相信自己的耳朵。一個世界上最富有的人，對一個最貧窮的人交付一項需要 20 年才能完成的艱鉅任務，而卡內基居然一分錢也不打算付！

　　此時卡內基向目瞪口呆的希爾保證，希爾從這份工作中得

到的回報，將遠非卡內基所能給他的報酬可相比，希爾能夠從中率先領悟到成功的祕訣，並為自己打開許多靠自己也許永遠都打不開的大門。還有最重要的一點，就是希爾能夠有幸為全世界的人提供一份迄今為止對人類最富啟發性和指導意義的著作。

在希爾離開前，卡內基對他說：「20 年很漫長，我給你的條件也非常苛刻。對你來說，前方還會有許多誘惑等著你，它們會使你放棄這項工作而迷戀上其他事物。所以呢，我想送你一個行動的法寶，當誘惑接連不斷向你湧來時，它可以幫你輕鬆地躍過它們。」希爾迅速記下這些話。卡內基說：「我要你認真地記下這個行動準則，這個準則是這樣的：卡內基，我這一生不僅要取得像你那樣的成就，我還要在歷史舞臺的起跑點上向你挑戰並超過你。」聽到這裡，希爾扔下筆說：「卡內基先生，你非常清楚我不可能做到這點。」卡內基說：「如果你自己都不相信，那我的確非常清楚你做不到這點。但如果你認為這一切是可能的，那你就一定能做到。」卡內基最後給了希爾 30 天嘗試期，希爾答應了：「好吧，但願上帝能帶給我好運。」

離開卡內基後，希爾回到華盛頓與他兄弟合住的公寓。希爾的家人對他選擇從事的這項龐大工程的反應應有盡有——從持溫和的懷疑態度到嘲笑挖苦，乃至直截了當地表示憤慨。除了他的繼母瑪莎以外，所有家人都認為這個決定太過魯莽草率，並堅信他無法在完成這個龐大工程的同時，還能賺錢維持

自己的生活。當然，他們只不過是說出希爾內心的疑慮。他感覺到自己在騙自己，他告訴自己這是件很蠢的事，且幾乎要對卡內基食言。但在那個月底，希爾改變了想法，他不僅認為自己將努力追上卡內基，且在內心深處相信自己一定能實現這個目標。

半個世紀過去後，81 歲的拿破崙·希爾在講臺上對聽眾說：「現在，我可以謙虛地告訴你們，很久以前，我就已經把卡內基遠遠拋在後面了。我雖然不像他那麼富有，但我擁有我所需要的一切。與卡內基先生相比，我造就了更多百萬富翁。我不相信他曾造就 20 個富翁，也許根本沒那麼多。

「在這個自由的世界裡，在那些他幫助了數百人的地方，我幫助了數以萬計的人，而這就是我最大的財富。我幫助人們找到自我，找到屬於他們自己的思想，也幫助他們找到與其他人更能和睦相處的辦法。我不知道還能活多久 —— 我才 81 歲，我又定下一個新的 20 年規劃。我很想告訴你們：只要我還活著，不管在哪裡，只要有機會，我都會不斷且不嫌麻煩的幫助別人。我真正希望我今天在這裡說的一些話能幫助你們反省自己的思想，從而更了解你們自己。接下來你就可以打定主意，從現在開始，你不僅要推銷那個每天和你打交道的人，最重要的是，你要推銷你自己。謝謝你們。」

身為偏遠小鎮貧困家庭的窮孩子，拿破崙·希爾在卡內基思想的鼓勵下，花了 20 多年時間走訪社會各階層的成功人士，

總結出了他的 17 項成功原則，使千百萬人包括他自己，從一貧如洗變成百萬富翁，從無名之輩成長為社會名流。其祕訣就是「所有的成就，所有賺來的財富，源頭都只在一念之間果敢的選擇。」

勇敢邁出你的腳步吧，否則你永遠只能站在河的這邊，眺望彼岸如詩如畫的風景。

## 最大的風險是讓別人控制你的生活

不入虎穴，焉得虎子。如果你想活出自己的風采，就必須拿出勇氣，勇於選擇。所謂勇氣是一種冒險的心理特質，是一種不屈不撓對抗危險、恐懼或困難的精神。但知易行難，一般人很難培養出自己的勇氣。而今許多人無法經濟獨立，是因為他們心中存有許多障礙。

有一次，摩根旅行來到紐奧良，在人聲嘈雜的碼頭，突然有個陌生人從後面拍了下他的肩膀問道：「先生，想買咖啡嗎？」

陌生人是一艘咖啡貨船的船長，前不久從巴西運回一船咖啡豆，準備交給美國的買主，誰知美國的買主卻破產了，不得已只好自己推銷。他看摩根穿戴講究，一副有錢人的派頭，於是決定和他談這筆生意。為了早日脫手，這位船長表示他願意以半價出售這批咖啡。

# 第七章　膽商，一個新鮮的字眼

　　摩根先看了樣品，然後經過仔細考慮，決定買下這批咖啡豆。於是他帶著咖啡豆樣品到紐奧良所有與他父親有聯繫的客戶那裡推銷，那些客戶都勸他謹慎行事，因為價格雖說低得令人心動，但船裡的咖啡豆是否與樣品一致卻很難說。但摩根覺得這位船長是個可信的人，他相信自己的判斷力，願意為此冒一次險，便毅然將咖啡全部買下。

　　事實證明，他的判斷正確，船裡裝的全都是好咖啡豆，摩根贏了。並且在他買下這批貨不久，巴西遭受寒流襲擊，咖啡因減產而價格猛漲了兩三倍。摩根因此而大賺一筆！

　　美國只有少數人是百萬富豪，因為只有18%的家庭主人是自己開公司的老闆或專業人士。美國是自由企業經濟的中心，為什麼只有這麼少人敢自行創業？許多努力工作的中層經理都很聰明，也受過良好教育，他們為什麼不自行創業，為什麼還去找個根據工作業績發薪水的工作呢？

　　許多人都承認，他們也問過自己同樣的問題：為什麼還要當上班族？主要原因是他們缺乏勇氣，他們要等到沒有恐懼、沒有危險和沒有財務顧慮時才敢自行創業。他們都錯了，其實從來就沒有不害怕的創業人。

　　即使是智者中的智者也會害怕，不過他還是勇敢地行動。恐懼與勇氣是相關的，並非不怕危險才是有勇氣。如果有更多人了解這點，那麼將會有更多人自行創業，也就會有更多富豪。

　　在現實生活中，許多企管碩士只想規避風險，許多人從來

沒想過自行創業，因為風險太大。在大公司領薪水可以避免突然失業的風險。又何必花時間研究投資機會？企業總會照顧中層主管。有許多人，他們的信念就是賺錢和花錢，讓公司照顧他們一輩子。這的確是低風險的理想方法。但是他們的算盤打錯了，總有一天，中層主管的職位也會消失。

想要成為百萬富豪就必須面對自己的恐懼，勇於冒險。他們不斷提醒自己，最大的風險是讓別人控制自己的生活。為什麼許多學校的高材生進入一個公司後雖然努力工作，但仍有可能突然失業呢？因為這全在少數幾位高層經理的一念之間。

幾十年前，一個中國青年隨著闖南洋的大軍來到馬來西亞，那時，他的口袋裡只剩下 5 塊錢。

為了生存，他在這片土地上為橡膠園主割過橡膠，採過香蕉，在小餐廳端過盤子……誰也想不到，他後來會成為馬來西亞的億萬富翁。他就是謝英福，他的創業史至今仍被馬來西亞人津津樂道地談誦。

很多人試圖找到他成功的祕密，但他們發現，他所擁有的許多機會對於大家都是平等的，唯一的區別可能是：他勇於冒險。他可以在賺到 10 萬元的時候，把這 10 萬元全部投入新的行業。在那並不安全的動盪投資環境中，一般人是很難做到的。

馬來西亞總理馬哈迪也知道他。當時，馬來西亞有家國營鋼鐵廠經營不善，虧損高達 1.5 億元。總理找到他，請他幫助該公司的總裁，他爽快地答應了。在別人看來，這是個錯誤的決

定，因為鋼鐵廠生產設備落後，員工失去凝聚力，債務難還，這是個無法用金錢填平的巨洞。謝英福卻坦然面對媒體，他說：「當年來到馬來西亞時，我口袋裡只有 5 塊錢，這個國家讓我成功，我現在要報效國家，如果我失敗了，我也只是損失了 5 塊錢而已。」

年近六旬的他搬出豪華別墅，來到鋼鐵廠，在一個簡陋的宿舍辦公，他象徵性的月薪是馬幣 1 元。3 年過去，企業轉虧為盈，盈利達 1.3 億港幣，而他也成為東南亞鋼鐵巨頭。他成功了，贏得讓人心服口服。

面對成功，謝英福笑著說：我只是撿回了我的 5 塊錢。

不正面面對恐懼，就得一生一世躲著它。

## 用勇氣撞開「虛掩的門」

成功之門都是虛掩的，它總是留給那些有勇氣壯大自己的人。我們知道，不恐懼不等於有勇氣。儘管害怕，儘管痛苦，但勇氣還是使你繼續向前走。在這個世界上，只要你真實地付出，就會發現許多門都是虛掩的，微小的勇氣，就能完成無限的成就。

勇氣無論對事還是對人，都是一種排山倒海的穿透力，如果你與生俱來就有這種品性，那麼很值得恭賀；如果你還沒養成這種性格，那麼盡快培養吧，你需要它！

　　有個國王想委任一名官員擔任一項重要職務，就召集許多武藝高強和聰明過人的官員，想試試他們之中誰能勝任。

　　「聰明的人們，」國王說：「我有個問題，我想看看你們誰能在這種情況下解決它。」國王領著這些人來到一座大門——一座誰也沒見過的最大的門前。國王說：「你們看到的這座門是我國最大最重的門。你們之中誰能把它打開？」許多大臣見了這門都搖搖頭，一些比較聰明的也只是走近看了看，沒敢去開這門。當這些聰明人說打不開時，其他人也都隨聲附和。只有一位大臣，他走到大門前，用眼睛和手仔細檢查大門，用各種方法試著打開。最後，他抓住一條沉重的鏈子一拉，門竟然開了。其實大門沒有完全關死，而是留了條窄縫，任何人只要仔細觀察都能把門打開。國王說：「你將在朝廷擔任重要職務，因為你不光限於所見或所聽的，你還有勇氣靠自己的力量冒險一試。」

　　史東是美國聯合保險公司的主要股東和董事長，同時，他也是另外兩家公司的大股東和總裁。然而，他能白手起家，創造如此巨大的事業，卻是經歷無數磨難的結果。或者我們可以這樣說，史東的發跡也是他勇氣作用的結果。

　　史東還是個孩子時，就為了生計到處賣報。有家餐館趕了他好多次，但他卻一再溜進去，手裡還拿著更多報紙。那裡的客人被他的勇氣所動，紛紛勸餐館老闆不要再把他踢出去，並且解囊買他的報紙。

史東一而再、再而三被踢出餐館，屁股雖然踢痛了，但他的口袋卻裝滿錢。史東常陷入沉思：「我做對了哪一點呢？」、「我又做錯了哪一點呢？」、「下一次，我該這樣做，或許不會挨踢。」這樣，他用自己的親身經歷總結出引導自己成功的座右銘：「如果你做了這件事，沒有損失但可能有大收穫的話，那就放手去做。」

　　史東 16 歲時的夏天，在母親的指導下，他走進一座辦公大樓，開始推銷保險的生涯。當他因膽怯而發抖時，就用賣報時被踢而總結出的座右銘鼓舞自己。就這樣，他抱著「若被踢出來，就試著再進去」的念頭推開第一間辦公室的門。他沒被踢出來。那天只有兩個人買了他的保險。就數量而言，他是個失敗者。然而，這是個零的突破，他從此有了自信，不再害怕被拒絕，也不再因別人的拒絕而感到難堪。第二天，史東賣出 4 份保險。第三天，數字增加到 6 份……

　　20 歲時，史東創立了只有自己一人的保險經紀社。開業第一天，他就賣出 54 份保險單，有一天，他創造了一個令人瞠目的紀錄 —— 122 份。若以每天工作 8 小時計算，每 4 分鐘就能成交一份。他在不到 30 歲時，就建立了巨大的史東經紀社，成為令人佩服的「推銷大王」。

　　可以說，不經過千百次被拒絕的折磨，史東就不能成為優秀的推銷員。史東有句名言：「決定在於推銷員的態度，而不是顧客……」

1968 年，在墨西哥奧運會一百公尺跑道上，美國選手吉姆‧海因斯（James Ray Hines）衝線後，轉身看向運動場上的記分牌，當指示燈打出 9 秒 95 的字樣後，海因斯攤開雙手自言自語說了一句話，後來全世界共數億人透過電視轉播看到這一幕。但由於當時他身邊沒有麥克風，海因斯到底說了什麼，誰都不知道。直到 1984 年洛杉磯奧運會前夕，一個名叫大衛‧帕爾的記者在辦公室重播奧運會資料時突感好奇，找到海因斯詢問此事，這句話才被破譯出來。原來，自從歐文創造 10 秒 3 的成績後，醫學界斷言，人類肌肉纖維承載的運動極限不會低於 10 秒。所以當海因斯看到自己 9 秒 95 的紀錄後，自己都有些驚呆了。原來 10 秒這道門沒有鎖上，只是虛掩著，就像終點那條橫掛的終點線。於是興奮的海因斯情不自禁地說：「上帝啊！那扇門原來是虛掩著的。」

後來，大衛‧帕爾根據採訪寫了篇報導，填補了墨西哥奧運會留下的一個空白。不過，人們認為它的意義絕不僅限於此。大家覺得，海因斯的那句話留給世人的啟發更為重要。不是嗎？在這個世界上，只要你真實地付出，就會發現許多門是虛掩的。在愛情上，你付出真誠，你會發現姑娘的心門是虛掩的；在商界，你付出智慧，就會發現財富的大門是虛掩的。

總之，在我們這個多彩的人間，除了牢門是緊鎖的，其他的門都是虛掩的，尤其是成功之門。

英雄和懦夫都會恐懼，但他們對恐懼的反應卻大相逕庭：

英雄儘管恐懼，儘管痛苦，但他還是繼續走自己選擇的道路；懦夫則在恐懼面前裹足不前，成為一個逃兵。

## 把焦點放在「怎麼做」而不是「能不能做」

　　鮑伯・普克特「三三三的故事」告訴我們：我們能做到任何事，只要我們把焦點放在「如何去做」，而不是想著「這是辦不到的」。那是發生在一次颶風襲擊後，一個名叫巴爾的小鎮有 12 人死亡，上百萬美元財產損失。普克特和無線電臺的副總裁鮑伯想利用從安大略至魁北克一帶的電臺幫助小鎮災民。鮑伯召集了無線電臺所有行政人員到他的辦公室開會。他在黑板上寫下 3 個並列的「3」，然後說：「你們想到如何利用 3 個小時，在 3 天內籌到 300 萬來幫助巴爾的災民嗎？」現場一陣靜默。終於有人開口：「鮑伯，你太瘋狂了，你知道這絕對不可能做到的。」

　　鮑伯回答：「等等，我不是問我們『能不能』或是我們『應不應該』。我只問你們『願不願意』。」大家都異口同聲說：「我們當然願意。」於是鮑伯在三三三下面畫了兩條路。一邊寫著「為什麼做不到」，另一邊寫著「如何能做到」。鮑伯在「為什麼做不到」那邊畫個大叉叉說：「我們沒有時間去想為什麼做不到，因為那樣毫無意義。重要的是，我們應該集思廣益，把一

些可行的點子寫下來，好讓我們能達到目標。現在開始，直到
想出辦法才能離開。」又是一陣靜默。過了好久，才有人開口：
「我們製作一個廣播特別節目在全加拿大播放。」鮑伯說：「這
是個好點子。」並且隨手寫下。很快就有人提出異議：「這節目
恐怕沒辦法在全加拿大播放，我們沒那麼多電臺。」這的確是
個問題，因為他們只擁有安大略到魁北克的電臺。鮑伯反問：
「就是沒那麼多電臺才可能，維持原議。」這真的很困難，因為
各個電臺業務都相互競爭，照常理而言，很難組織各電臺一起
合作。忽然有人提議：「我們可以請廣播界有名的哈威·克爾和
勞埃·羅伯森來承包這個節目啊！」很快地就有許多令人驚訝
的妙點子陸續出現。討論後，他們爭取到 50 個電臺同意播放這
個節目。沒有人搶功，只想著能不能為災民多籌些錢。結果，
短短 3 小時的節目，在 3 天內，募捐到了 300 萬。

　　「辦不到」死了，信心才能誕生。唐娜是位即將退休的小
學四年級老師，一天她要求班上學生和她一起在紙上認真填寫
自己認為「做不到」的事。每個人都在紙上寫下他們做不到的
事，諸如「我沒法做 10 次仰臥起坐」，「我沒辦法只吃一塊
餅乾就停止」。唐娜則寫下「我無法讓約翰的母親來參加家長
會」，「我沒辦法讓黛比喜歡我」，「我無法不用體罰好好管教
亞倫」。然後大家將紙張投入一個空盒，將盒子埋在運動場的
一個角落。唐娜為這個儀式致詞：「各位朋友，今天很榮幸能邀

## 第七章　膽商，一個新鮮的字眼

請各位來參加『沒辦法』先生的葬禮。他在世的時候，參與我們生命的程度，比任何人影響我們更深。……現在，希望『沒辦法』先生安息……希望您的兄弟姊妹『我可以』、『我願意』能繼承您的事業。雖然他們不如您來得有名，有影響力。願『沒辦法』先生安息，也希望他的死能鼓勵更多人站起來，向前邁進。阿門！」

　　之後，唐娜將「沒辦法」的紙墓碑掛在教室裡，每當有學生無意說出「沒辦法……」這句話時，她便指向這個象徵死亡的標誌，孩子就立刻想起「沒辦法」已經死了，進而想出積極的解決方法。唐娜對孩子的訓練，實際上也是我們每個人必修的功課。如果我們經常有意無意地暗示自己「沒辦法」，那麼，這種壞的信念就會摧毀我們的一切，而「我可以」、「我願意」等積極的暗示，則可以激發我們積極的潛意識，使我們勇敢地做出選擇。

　　實現明天理想的最大障礙就是今天裹足不前。

# 該出手時就出手

在現實生活中，機會猶如電光石火，稍縱即逝。我們要及時發現，果斷「出手」才能把握制勝良機。

房玄齡身為李世民的心腹參謀，比別的文臣武將更具全面性的政治眼光。在唐朝建立後圍繞皇位歸屬的政治鬥爭中，他著力促使李世民下手，發動「玄武門之變」，取得帝位。

當時的情況是：唐高祖李淵的長子是李建成，李世民是次子，按照嫡長子繼承皇位的規定，李淵立李建成為太子，而李世民在長期作戰中不僅戰功顯赫，而且手下文武人才濟濟。所以，唐高祖也給他特殊待遇，加號「天策將軍」，位在一切王公之上。李世民的「天策府」可以自署官吏，實際上形成一個獨立王國。這必然引起鬥爭：一方面是李建成對李世民「功高震主」產生了極大疑慮；一方面是李世民暗中樹立私黨，蓄力待發。事情終於發展到劍拔弩張的地步。有一天，李世民從太子建成處赴宴回來，食物中毒，「心中陣痛，吐血數升」，這引起李世民及其手下的極大恐慌。

怎麼辦？房玄齡知道，應選擇搶先下手，如果晚了，必然大禍臨頭。於是他想了個辦法，立即找到李世民的妻兄長孫無忌，對他說：「現在嫌隙已成，危機即發，大亂一起，必將危及國家安寧。我們應當按照周公的做法，外寧華夏，內安宗社。」

其意十分清楚，是要李世民像周公除掉管叔、蔡叔那樣，除掉李建成和他的同黨李元吉（李淵第四子），這樣才能保住秦王李世民的地位，並穩固唐朝的統治。房玄齡讓長孫無忌把這個意見轉告李世民。李世民聽了長孫無忌的話後，立即召見房玄齡，謀劃宮廷政變的具體事宜。隨後，杜如晦、高大廉和大將侯君集、尉遲敬德也參與密謀，形成李世民的核心集團，太子建成對李世民的密謀有所察覺，於是上奏李淵，說了李世民、房玄齡、杜如晦許多壞話。

形勢到了萬分危急的關頭，房玄齡趕緊同長孫無忌勸說李世民立即下手。他對李世民說：「事情已十分緊迫，為保江山，應決心大義滅親。如果再當斷不斷，便會坐受屠戮。」猶豫不決的李世民終於被說服了。

在政變前夕，李世民命令尉遲敬德將房玄齡、杜如晦化裝成道士祕密送進秦王府，仔細謀劃，然後發動「玄武門之變」。這次武裝政變中，李建成、李元吉同時被殺。不久，唐高祖李淵自動退位，禪讓給李世民，改元貞觀。

當時機到來，有人能及時發現，有人卻視而不見，有人雖然有所發現，但認知不清、把握不準。對機會的認知決定了對機會的選擇。不能識機，也就無所謂擇機；識機不深不明，便會在機會選擇上猶豫徘徊，左顧右盼，不能當機立斷，最終貽失良機。

　　三國時代的袁紹就是其中的典型。他是名門望族之後，十八路諸侯討董卓時被推為盟主。一時間，天下英雄豪傑、仁人志士，紛紛投其麾下。那時，他擁有四州之地、數十萬大軍，帳下謀士如雲、戰將林立，成為當時北方勢力最大的割據者。然而，這樣一個人物，最後竟然敗在曹操手下。袁紹的敗北，固然有許多原因，但其中主要的一點就是「多謀少決」，錯過了不可復得的戰機。

　　袁紹第一次發兵討曹失敗，退軍河北。這時曹操乘機征伐劉備，許都兵力空虛。謀士田豐勸說袁紹抓住良機，再次攻打許都。

　　田豐說：「老虎正在捉鹿，熊可以乘機闖進虎穴吃掉虎子。老虎前進捉不到鹿，退又找不到虎子。現在曹操親率大軍征討劉備，國都空虛。將軍長戟百萬，騎兵千群，逕直攻打許都，搗毀曹操的巢穴，百萬雄師，從天而降，就像舉烈火燒茅草，傾海水澆火炭，能不成功嗎？兵機的變化非常之快，戰爭的勝利可在戰鼓聲中獲取。曹操得知我們攻下許都，必然丟下劉備，回收許都。那時，我軍占據城內，劉備在外面圍攻曹操，反賊曹操的腦袋肯定懸掛在將軍您的旗杆上了。反之，失去這個機會，不去攻打許都，使曹操得以歸國，休兵不戰，牛菁百姓，積儲糧食，招攬人才，加上現在大漢國運衰微，綱紀不存，曹操利用他的勢力，放縱他的貪欲，那必然釀成篡逆的陰

謀。到了那時，即使用百萬兵馬攻打他也無濟於事了。」

可惜的是，袁紹以兒子有病加以推辭，不許發兵。田豐用杝杖敲著地說：「遇到這樣難得的機會，卻因為小兒的緣故而丟棄，大勢去矣！可痛惜哉！」

可見，機會並不是賜給每個人的。無論在社會生活和社會競爭中，機會只偏愛那些有準備的頭腦，只垂青那些深諳如何追求它的人，只賜給那些勇於出手的人。它猶如明察善斷者不斷進擊的鼓點，長夜中士兵即刻開拔的號角。在它面前，任何猶豫都與它無緣，都不能開啟勝利之門。機不可失，時不再來，在進退之間，不能把握時機、勇於選擇，必將一事無成，抱恨終生。

選擇就像春天播種一樣，如果沒有及時播下，無論後面的夏天有多長，也無法把春天耽擱的事情補上。

## 培養勇於冒險的氣魄

冒風險需要一定的膽量和熱情。大部分人選擇停留在所謂的「舒適圈」內，無意進行任何形式的冒險，即使這種生活過得庸庸碌碌、死水一潭也不在乎。有這樣一位女高音歌劇演員，天生一副好嗓子，演技也非同一般，然而演來演去卻盡演些最末等的角色。「我不想負主要演員之責，」她說，「讓整個晚會的成敗壓在我身上，觀眾屏氣凝神傾聽我吐出的每一個音

符。」其實這並非因為膽小，她只是不願認真想想：如果真的失敗，可能出現什麼情況，應採取怎樣的補救辦法。卓有績效的人則不然，由於對應變策略 —— 失敗後究竟用什麼方式挽救局勢早已成竹在胸，他們敢冒各種風險。一位公司總經理說：「每當我採取某個重大行動時，就會先為自己構思一份『慘敗報告』，設想這樣做可能帶來的最壞結果，然後問問自己：『到那種地步，我還能生存嗎？』大多數情況下，回答是肯定的，否則我就放棄這次冒險。」心理學家認為，做最壞的打算，有助於我們做出理智的選擇。如果因為害怕失敗而坐守終日，甚至不敢抓住眼前的機會，那就根本無選擇可言，更談不上什麼績效和成功。因此，當環境稍加變化的時候，他們就會顯得手足無措。

那麼，怎樣才能培養勇於冒險的氣魄呢？

* **積極嘗試新事物**：在生活中，由於無聊、重複、單調而產生的寂寞會逐漸腐蝕人的心靈。相反，消除那些單調的日常因素倒會使人避免精神崩潰。積極嘗試新事物，能使一蹶不振、灰心失望的人重新恢復生活的勇氣，重新掌握生活的主動權。

* **嘗試做些自己不喜歡的事**：屈從於他人意願和一些刻板的清規戒律，已成為缺乏自信者的習慣，以至於他們誤以為自己生來就喜歡某些東西，而不喜歡另一些東西。他們應該

意識到，之所以每天都在重複自己，是由於懦弱和沒主見才養成的惡習。如果我們嘗試做些自己原來不喜歡的事，就會品嘗到一種全新的樂趣，從老習慣中慢慢擺脫出來。

＊ **不要總是制定計畫**：缺乏自信的人相應地缺乏安全感，凡事希望穩妥保險。然而人的一生根本無法定出所謂的清晰計畫，因為有許多偶然因素會產生作用。有條有理並不能為人帶來幸福，生活的火花往往在偶然的機遇和奇特的感覺中迸發出來，只有欣賞並努力捕捉這些轉瞬即逝的火花，生活才會變得生氣勃勃，富有活力。

冒險應該算是人類生活的基本內容之一。沒有冒險精神，體會不到冒險本身對生活的意義，就享受不到成功的樂趣，也就無法培養和提高人的自信心。自信在本質上是成功的累積。因此，瞻前顧後、驚慌失措、力圖避免冒險，無疑會使我們的自信喪失殆盡，更不用指望幸福快樂會慷慨降臨了。

所謂的冒險，並不僅是指征服自然，跨入未知的土地、海洋及宇宙。在人類社會，我們會和種種不合理的習慣勢力、陳規陋習狹路相逢，如果我們堅持按照自己的意見行事，那麼就在很大程度上冒了風險。甚至想要小小改變一下自己的生活方式，同樣也可算是冒險，關鍵是看自己敢不敢試一試，能不能把自己的想法貫徹到底。

假如生活中的未知領域能夠引起自己的熱情，並使自己做

好「試一試」的心理準備；假如人生真的如同一場牌局，我們自己又能堅持把牌打下去，而不是中途退場的話，那麼每克服一個困難，就能為自己增添一份自信。

因為害怕失敗而坐守終日，甚至不敢抓住眼前的機會，這種人根本就談不上選擇，更談不上績效與成功。

## 對風險要有所警惕

對風險要有所警惕，指的是我們在戰略上要藐視它，但在戰術上要重視它。美國佛羅里達州的約翰‧莫特勒是一個為了實現自己的夢想而甘冒風險的人。他在一個條件優越而又忙碌的會計職位上工作了十多年。但他卻準備辭去這份無憂無慮的工作去圓自己的創業夢。

他的妻子、他所有的朋友，甚至他的老闆和同事都認為他這麼做簡直就是瘋了。但經過仔細認真地計畫後，他對自己要面對的風險充滿信心。最後，他毅然辭去會計工作，選擇了自己的事業——專門生產銷售風味零食。

莫特勒對風險有足夠的準備，因為他事先做過精細的考察規劃。在他開始自己事業的冒險以前，就已經把所有空餘時間都用在廚房，研究食譜，品嘗、調製各種不同口味的小吃。他周全詳實的計畫、他堅忍不拔的毅力和耐心以及他的努力終於獲得了回報。

從採取行動到實現夢想僅僅 3 年，約翰‧莫特勒就成了百萬富翁。他的風味小吃品牌「THE NUTTY BAVARIAN」，現在成了美國家喻戶曉的美談。當然，再也沒有人說他的行為是「瘋了」。

當我們面對具有風險的選擇時，應該像莫特勒表現的那樣充滿自信。適當的計畫能讓我們對大多數風險挑戰有所準備。有的時候，一些重大風險的出現沒有任何預兆。而另一些時候，我們又可能有充裕時間去考慮值不值得為某件事情冒風險。

但無論風險是不期而遇，還是有所預示，在我們準備為一些重大事宜做出決定前，都必須假定風險一定會發生，不能對風險發生的時間心懷僥倖。風險無論發生得早晚，要達到自己的目標，就不得不始終對它保持警惕，對自己保持堅定的信念。

人生中有不少潛藏的恐懼，有的是因自己的怯懦而產生，有些是外力在我們成長過程中加諸的陰影，但如果我們不正眼看它、正面迎向它，而只想處處躲避，我們終會發現，地球真是圓的，世界還真的很小，我們的心無處可逃。

# 洛克斐勒的選擇

　　少年時代，洛克斐勒的夢想就是成為富翁，「成為一個有 10 萬美元的人」。在平均月薪只有 10 多塊美元的 19 世紀下半葉，這是個巨大的夢想，相當於今日的臺灣人想成為千萬或億萬富翁。為了早日實現這個夢想，他 1855 年高中畢業後便開始找工作，而且只找銀行、批發商、鐵路公司這類有發展前途的工作。終於，同年 9 月 26 日他在一家商行找到一份會計辦事員的工作，週薪 4 美元，大約是一般工作的兩倍。洛克斐勒對自己的這個選擇很得意，把工作的第一天作為自己的第二個生日並每年慶祝。

　　1858 年，洛克斐勒的年薪已增至 600 美元，大約是最初的 3 倍。但他認為，較合理的報酬應當是 800 美元，於是就向老闆提出加薪的要求。老闆支支吾吾地拖延，洛克斐勒在冷靜思考後，選擇辭職創業，他與英國人克里克合夥自辦一家商業公司。當時，他的自有資金只有 800 美元，又以 10% 的年息向父親借了 1,000 美元。由於經營得當，他們第一年就賺了 4,000 美元，第二年賺到 17,000 美元。第三年是 1861 年，美國內戰爆發，剛起步的克里克 —— 洛克斐勒公司透過買賣糧食、肉類、農具、鹽和其他日常用品而大發戰爭財。

　　不久，石油工業在美國興起。洛克斐勒非常看好這種亂哄哄的新興行業，轉而經營石油，並在 1865 年用 72,500 美元鉅

款買下原公司中屬於克里克的股份，與一名技術專家安德魯斯合作，創辦了一家專營石油的公司。當年，這家新公司的年收入達到 100 萬美元，次年達到 200 萬美元。再後，一陣瘋狂並充滿陰謀詭計的收購、兼併、征戰後，洛克斐勒壟斷了全美 95% 的石油生產，並成為美國，也是全世界第一位資產超過億萬美元的超級大富翁。

　　洛克斐勒為何創業？是從小就有的發財夢，還是因自己提出的加薪要求沒能得到滿足？很多人都是因為現有工作的待遇不錯而放棄青少年時的夢想；同樣也有很多人因為不滿現狀 —— 包括不滿在他人看來還不錯甚至連自己也覺得不錯的現狀而創下大業。所以，有才華的人應該珍惜自己的才華，不要為了那甜蜜的小日子而湮滅了自己的才華。

　　站在人生的十字路口，有膽量的人，才有旺盛的雄心與打拚的鬥志，才能大膽突破，勇於創新，選擇一條能讓自己大放異彩的路。

　　1955 年時，日本大企業家井植歲男（三洋電機創辦人）家中的一個園藝師傅，因為欠缺膽量，白白喪失了一個成功的機會。

　　有一天，園藝師傅向井植說：「社長先生，我看您的事業愈做愈大，而我就像樹上的蟬，一生都在樹幹上，太沒出息了。您教我一點創業的祕訣吧！」

井植點頭說：「行！我看你比較適合園藝方面的事業。這樣好啦，在我工廠旁有2萬坪空地，我們合作來種樹苗吧！樹苗一棵多少錢買得到呢？」

「40元。」

井植又說：「好！以一坪種兩棵計算，扣除中途死掉的，2萬坪大約可種25,000棵，樹苗的成本剛好是100萬元，3年後，一棵可賣多少錢呢？」

「大約3,000元。」

「100萬元的樹苗成本與肥料費都由我來支付，以後的3年，你負責除草與施肥等工作。3年後，我們就有600多萬元的利潤，到時候我們每人一半。」

不料園藝師傅卻拒絕說：「哇！我不敢做那麼大的生意。」

最後，井植只好以付薪資的方式，聘用那個園藝師傅栽種樹苗。3年後，井植歲男獲利頗豐，而園藝師傅卻只能拿微不足道的薪水。

站在人生的十字路口，一個沒有膽識的人，再好的機會到來也不敢把握與嘗試。固然他沒有失敗的隱患，但也失去了成功的機會。

少數人渡過河流，多數人站在河流這邊；他們站在岸邊，跑上又跑下。

# 第七章　膽商，一個新鮮的字眼

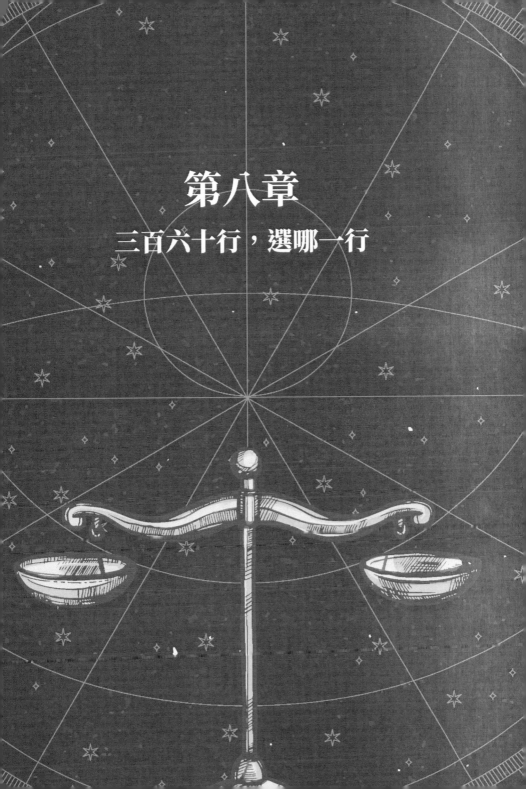

# 第八章

## 三百六十行，選哪一行

## 第八章　三百六十行，選哪一行

# 「狀元」不是「撞」來的

　　有道是：三百六十行，行行出狀元。你能否成為「狀元」，前提有很多，其中首要前提是擇業。我們不難發現那些事業有成的人都有個共同特點，那就是在正確的時間做出正確的決策。這種決策不只因為他們擁有某種特殊天賦，而是他們對自己的人生和事業有明確的目標和整體規劃，也就是現在國內外非常流行的職業生涯規劃。

　　「狀元」不是「撞元」，瞎貓撞死老鼠的心態最要不得。

　　從行業角度來看，各行業之間差異極大：有的行業很傳統，變化大多可以預知；有的則經常改變形態。也許在某個企業裡，除非等到頭髮斑白，否則無法獲得權力；但在另一個團體，主管可能非常年輕，甚至連剛畢業不久的年輕女性，也可能躋身高層。因為，不同的行業會造成工作上的極大差別。

　　選擇職業是人生打拚的重要轉捩點。選對了，可以成為成就事業的基礎；選得不對，將會遇到不少彎路及坎坷。所以在確定職業之前，應該考慮職業是否符合自己的志向、興趣和愛好，與所學專業是否相近，還要考慮其社會意義和未來發展前景如何，必要的工作環境和保障條件如何。

　　首先認清現實的處境。現實需要生存的本領、競爭的技巧和制勝的捷徑，要面對社會無情的選擇或殘酷的淘汰。這時候，你在選擇別人，別人也在選擇你，沒有退路，只有向前

走。要意識到有成功者就有失敗者，這很正常。千萬不可爭強好勝，鑽進牛角尖出不來。遇到難題，不妨換個角度思考，試試把自己的位置放低一點，說不定很快就能柳暗花明。

影響職業選擇的因素除了一個人的人生觀、價值觀、職業理想等因素外，個人的自身條件（如興趣愛好、氣質、性格等心理特徵，性別、年齡、身體狀況、教育程度、知識技能等基本素養）也會對每個人的職業選擇產生不同程度的制約作用，並在一定程度上影響著每個人對各類社會職業進行不同的選擇。

\* **興趣愛好**：興趣，是一個人力求了解、掌握某種事物，並經常參與該種活動的心理傾向，有些時候，興趣還是學習或工作的動力。當人們對某種職業感興趣，就會對該種職業活動表現出肯定的態度，就能在職業活動中激發整個心理活動的積極性，開拓進取，努力工作，有助於事業的成功。反之，如果對某種職業不感興趣，硬要強迫自己做不願做的工作，這無疑是一種對精力、才能的浪費，無益於工作的進步。

愛因斯坦因為熱愛科學而成為一代科學巨人，門捷列夫因迷戀神奇的化學而發現化學元素週期定律，所以說興趣才是最好的老師。興趣對人的發展有種神奇的力量。

當人們在選擇職業時，首先應想到自己喜歡哪種職業，對哪種職業感興趣。興趣是人所共有的，卻又千差萬別。有

些人對文學創作感興趣；有些人喜歡唱歌、跳舞；有些人對研究自然科學知識感興趣；有些人偏愛技能操作。不同的職業需要不同的興趣特長。一個擅長技能操作的人，靠他靈巧的雙手，在技能操作領域得心應手，但如果硬把他的興趣轉移到書本的理論知識上來，他就會感到無用武之地。這種興趣上的差異，是構成人們選擇職業的重要依據之一。

一個人的興趣嗜好可以很多元，一般說來，興趣嗜好廣泛的人，選擇職業的自由度就大一些，他們更能適應各種不同工作。廣泛的興趣可以使人們注意和接觸多方面的事物，為自己選擇職業創造更多有利條件。

在人們選擇職業時，興趣只是一種先決條件。因為有興趣，你就可以主動做好這項工作；沒興趣，你可能會厭惡這種工作，自己也就不會做好這項工作。需要注意的是，只有興趣，還不能具備選擇工作的條件，還必須考慮其他條件，就像以下三點。

＊ **氣質類型**：心理學家認為，氣質是人類的神經活動以行為方式表現出的一種形態。它主要表現在情緒的體驗。它使人的全部活動都染上某種獨特的動力色彩。具有某種氣質特徵的人，常在不同內容的活動中表現出同樣方式的心理活動特點。所以說，氣質也是制約人們選擇職業的重要因素之一。

大多數心理學家把人的氣質分為四種類型：多血質、膽汁

質、黏液質和憂鬱質。這四種氣質類型在行為方式上各有其典型的表現。

- 多血質：活潑、好動、敏感、反應迅速，喜歡與人交往，注意力容易轉移，興趣和情趣容易變換，具有外向性。
- 膽汁質：精力旺盛，脾氣急躁，情緒興奮性高，容易衝動，反應迅速，心境變換劇烈，具有外向性。
- 黏液質：安靜穩重，反應緩慢，沉默寡言，顯得沉重、堅忍，情緒不易外露，注意力穩定，但難以轉移，具有內向性。
- 憂鬱質：情緒體驗深刻、孤僻、行動遲緩且不強烈，具有很高的感受力，善於觀察他人不易察覺的細節，具有內向性。

氣質無所謂好壞、善惡之分，每一種氣質都有積極的一面，也有消極的一面。

從選擇職業的角度來說，多血質和膽汁質的人比較適合一些要求做出迅速、靈活反應的工作，黏液質和憂鬱質的人對此則適應性較差。相反，要求細緻的工作對於黏液質、憂鬱質的人較合適，多血質和膽汁質的人則難以在這方面取得較高效率，這就好似讓林黛玉去市場賣豬肉或讓張飛去繡花一樣，都是強人所難。

不同的職業對人的氣質也有特定要求，如駕駛員、飛行員、運動員等要具備機智、靈敏、勇敢，抗干擾等氣質特點；醫療工作者需具備反應靈敏，耐心、細緻、熱情等品質；外交人員則要具備思維敏捷、姿態瀟灑、能言善辯、感染性強等特點。

總之，了解自己的氣質類型及特點，有利於發揮自己的長處，提高適應職業的能力。

＊ **個人的性格**：性格是指一個人在生活過程中所形成的、對人對事的態度和透過行為方式表現出的心理特長，是一種生活態度，也是行為習慣。譬如有些人對工作總是赤膽忠心、一絲不苟、踏實認真；有些人在待人處事時總是表現出高度原則，堅毅果斷、有禮貌、樂於助人；有些人在對待自己的態度上總是表現出謙虛、自信的特質。

人的性格的個別差異很大。有些人傲氣、潑辣；有些人熱情、活潑；有些人深沉、內向；有些人大膽自信有餘，而耐心細緻不足；有些人耐心細緻有餘，而大膽自信不足等，不一而足。性格是由各種特徵組成，性格與氣質不同，其社會評價有明顯的好壞之分。性格對氣質有深刻的影響。在一定程度上性格能夠掩蓋和改造氣質。性格還對能力的形態和發展起制約作用。社會上幾乎每一種工作都對性格品質有特定要求，要選擇某一職業就必須具備這一職業要求的性格特徵。例如：作為一名文藝工作者，除了具備這一

職業所要求的氣質、能力外，其性格應具有活潑、開朗、情感豐富的特徵；作為一名教師除了具有豐富的知識外，還應具備熱愛學生，對工作熱情負責，正直、謙遜、以身作則等良好品質；作為醫生則被要求有人道主義精神，富有同情心和責任感，一絲不苟的工作態度。實踐證明，沒有適合職業要求的性格品質，就很難順利地適應工作。

＊ **能力制約**：能力直接影響工作的效率，是工作順利完成的個性心理特徵。它可以分為一般能力和特殊能力。例如，觀察力、記憶力、理解力、想像力、注意力等屬於一般能力，它們存在於廣泛的工作範圍；而節奏感、色彩鑑別能力等屬於特殊能力，它們只會在特殊領域內發生作用。社會上的任何一種職業對從業人員的能力都有一定要求，如果缺乏某種職業所要求的特殊能力，即使你有機會吃上這碗飯，也難以勝任工作。所以，在選擇職業時絕不能好高騖遠或單從興趣出發，要實事求是地檢驗自己的學歷程度和職業能力，這樣才能找到有「用武之地」的合適工作。對於會計、出納、統計等職業，工作者必須有較佳的計算能力，過於「豪放」的性格就不適於做這類工作；對於設計、工程、建築甚至裁縫、電工、木工、修理工等職業，工作者要具備對空間的判斷能力和抽象思維能力；對於駕駛員、飛行員、牙科醫生、外科醫生、雕刻家、運動員、舞蹈家等職業工作者則要具備眼與手的協調能力。

## 第八章　三百六十行，選哪一行

　　一般人在選擇職業的過程中，除了受到以上種種因素的影響和制約外，個人的性別、年齡、身體狀況更是不可忽視的條件。雖然現在男女平等，但在選擇職業時，不先考慮男女在生理和心理上的差異，也就不能找到適合自己性別的職業，不利於自己才能的發揮，也不利於社會的發展。

　　由於男女生理特點不同，男性體力普遍優於女性，因此，一般來說，女性不適合從事重體力勞動；女性的平衡力比男性強，所以諸如空中小姐，列車員等更適合女性。由於男女心理特徵不同的差異，在智力、性格、氣質、能力等方面各有特點，男性的職業選擇傾向於形象思維類職業。這些差異是性別所造成的，並非絕對。有些行業對身體狀況有不同的要求，例如舞蹈演員、旅館服務員、空中小姐、導遊小姐等除了專業所要求的氣質能力外，在年齡、體態、長相等方面都有一些特殊要求；從事化學研究的人嗅覺要相當靈敏；擔任駕駛員、飛行員、船員、精密儀器事業的人則必須達到一定的視力標準；運動員、軍人則必須身體健康，體格強壯等。這些因素也會在一定程度上影響人們的擇業方向，人們在選擇職業時不能不考慮。

　　條條大路通羅馬。

# 放大你的優點

一個窮困潦倒的青年流浪到巴黎，期望父親的朋友能幫自己找份差事謀生。

「數學精通嗎？」父親的朋友問他。

青年羞澀地搖頭。

「歷史、地理怎麼樣？」

青年還是不好意思地搖頭。

「那法律呢？」

青年窘迫地垂下頭。

「會計怎麼樣？」

父親的朋友接連發問，青年都只能以搖頭告訴對方 —— 自己似乎一無所長，連絲毫優點都找不出來。

「那你先把自己的住址寫下來。」

青年羞澀地寫下自己的住址，急忙轉身要走，卻被父親的朋友一把拉住：「年輕人，你的名字寫得很漂亮嘛，這就是你的優點啊，你不該只滿足找一份糊口的工作。」

把名字寫好也算一個優點，青年在對方眼裡看到了肯定的答案。

我能把名字寫得叫人稱讚，那我就把字寫得漂亮，能把字寫得漂亮，我就能把文章寫得好看……受到鼓勵的青年，一點點地放大自己的優點，興奮得腳步立刻輕鬆起來。

數年後，青年果然寫出享譽世界的經典作品。他就是家喻戶曉的 18 世紀法國著名作家大仲馬。

世間許多平凡之輩，都擁有一些諸如「能把名字寫好」這類小小的優點，但由於自卑等原因而常被忽略了，更不要說是一點點地放大它了，這實在是人生的遺憾。須知在每個平淡無奇的生命中，都掩藏著一座豐富的金礦，只要肯挖掘，哪怕僅是微乎其微的一絲優點，沿著它也會挖出令自己都驚訝不已的寶藏。

許多成功，都源於找到自身的優點，並努力將其放大，放大成超越自己和他人的明顯優勢。

每個人都擁有一座金礦，如果你不懂得如何開採與挖掘，就只能是個守著金礦的貧窮更夫。

## 千萬別入錯行

有一句話說「男怕入錯行，女怕嫁錯郎」，真有這麼嚴重嗎？

「女怕嫁錯郎」暫且不論，我們就「入錯行」說一則真實的故事。

報載有位大學畢業生，他的工作很令人意外，是一家果菜公司的搬運工。他說自己六年前從學校畢業，一時找不到工作，便經人介紹到果菜公司當臨時工賺零用錢。漸漸的，這位「天之驕子」習慣了那份工作和周圍的環境，也就沒有積極去找

別的工作，於是一做就是六年，現在年近 30，由於長期與蔬菜打交道，不僅知識未能跟上時代，連老本也丟得差不多了。他說：「換工作，誰會要我呢？我又有什麼專長可以讓人用我呢？」目前，他仍在果菜公司當搬運工。

對這個例子，也許你會說，轉行有什麼難？說轉就轉啊！

也許你是可以說轉就轉的人，但恐怕絕大部分的人都做不到，因為一個工作做久了，習慣了，加上年紀大了，有了家庭負擔，便會失去轉行面對新行業的勇氣。因為轉行要從頭開始，怕影響到自己的生活；也有人心志已經磨損，只好做一天算一天；有時還會扯上人情牽絆、恩怨糾葛，種種複雜的原因，讓你「人在江湖，身不由己」。

其實行行出狀元，並沒有哪個行業不好，哪個行業才好，那在此為什麼又提醒你「千萬別入錯行」呢？

這裡只是提醒你，找工作要睜亮眼，找適合你的工作，找你喜歡的工作，找有發展性的工作，千千萬萬別因一時無業，怕人恥笑而勉強去做自己根本不喜歡的工作！人總是有惰性的，不喜歡的工作做一兩個月，一旦習慣了，就會被惰性套牢，不想再換工作。一日復一日，倏忽三年五年過去，那時再轉行就更不容易了。

另一點是，千萬別涉入非法行業，這種行業雖然可能讓你致富，但事實上卻是在刀口上行走，警察的追緝、法律的制裁、同行的火併、陷害，即使不吃牢飯不送命，也要被人看不

起。有人雖然想跳出來，但談何容易，大部分人都因為吃慣黑飯，最後還是回到本行……

不過你若真的「入錯行」，也有心轉行，那麼就要鐵了心地毅然轉行，否則歲月不饒人，你只能在不適合的行業裡越走越遠。

其實，八成以上的人都有過轉行的想法，光想當然沒什麼關係，但如果真的要轉，那麼一定要考慮幾個因素：

——我的本行是不是沒有發展了？同行的看法如何？專家的看法又如何？如果真的已沒有多大發展，有沒有其他出路？如果有人一樣做得好，是否說明所謂的「沒有多大發展」是種錯誤的認知？

——我是不是真的不喜歡這一行？或是這行根本無法讓我的能力得到充分發揮？換句話說：越做越沒趣，越做越痛苦嗎？

——對未來要轉換行業的性質及前景，我是不是有充分的了解？我的能力在新的行業是不是能如魚得水？而我對新行業的了解是否來自客觀的事實和理性的評估，而不是急著要逃離本行所引起的一廂情願式的自我欺騙？

——轉行之後，會有段時間青黃不接，甚至影響到生活，我是不是做好了準備？

如果一切都是肯定的，那麼你可以轉行！

山不轉水轉，水不轉雲轉，雲不轉風轉，風不轉心轉。

# 莫讓職業成枷鎖

天底下沒有任何一種職業可以滿足所有人或讓所有人都不喜歡的，任何一種職業都難免有人喜歡，有人討厭，因為沒有十全十美的工作。

我們每個人都必須賺錢過日子，才能免受饑寒。因此檢查自己目前的職業角色，評估自己從中能獲得多大滿足，將有助於規劃個人成功的人生。

我們永遠要清楚地意識到，沒有十全十美的職業。對於職業的滿足與否，應基於個人的事業原動力，以及是否能從此項職業使自己獲益。因此我們有必要仔細評估自己目前的職業，以便發現這項職業能給我們滿足感，是否具有發展機會。

職業對從業者的影響很大，從某個角度來看，職業是耗用時間並局限人的事。例如送信的郵差，可能十年如一日，每天早起挨家挨戶送信，而他全部的生活就是環繞這個郵遞責任所構成的。所以，職業也可說是一具枷鎖，它在無形中限制了從業者的行動範圍。

滿足的可能，是建立在職業的結構中。以超市收銀員為例，每天站在收銀機旁 8 小時，敲打一大堆數字。儘管這工作能與許多人接觸，卻很少有能表現個人創意和個性的機會。

由此可見，我們有必要十分謹慎地選擇自己想從事的職業，並及早看清此項職業有沒有讓我們滿足的可能，如果做不

到這點，便可能會阻礙我們的發展。例如有位製圖員說：「我的日子都是坐在製圖桌旁，設計製造一些造型。隨著時間流逝，這工作顯得越來越沒意義，而且將我和別人完全隔絕開來。」

這例子雖然有些極端，但很具代表性。據統計，差不多有90%的人都對他們工作的某方面不滿。主要的不滿，皆與工作要求和與個人當時的事業原動力相背有關。只不過，如果我們能想到那些沒工作的人以及全球性經濟不景氣，相信再不滿意的工作似乎也有可取之處了。

有的選擇，現在看來是合理的，走這條路是有價值的，而有時，也許隨著一定條件的變化，走著走著，突然發現也變得毫無價值，甚至給自己背上新的包袱，戴上新的枷鎖；反之，有些路目前看來價值不大，也許隨著社會的變化，這條路又成了熱門。

發明「彼得原理」的勞倫斯·彼得曾說，我們曾目睹一些古老光榮的行業消失，並深感惋惜。像馬車製造者、鐵匠、車夫等，由於工業文明的來臨而成為時代的落伍者。由此我們不難理解，一個問津某一行業的技工，在他精通此行業的技藝之前，就可能發現他向上爬的梯子已經移動，有時甚至早已消失。既然如此，如果一定要把等級制度比作梯子，那麼，這是個可從一個地方挪到另一個地方，可以增長也可以縮短的梯子。

彼得還舉了這樣一例：鄧德因找不到固定工作而大為不安。

他去拜訪職業顧問。這位顧問解釋說，你找不到固定工作是因為你學歷太低而且沒有掌握吃香的技藝。為此，職業顧問推薦鄧德去上修鞋課。他說，你學到這門技藝，今後就可高枕無憂。鄧德頭腦靈敏而且意志堅定，不久就修完規定的課程。但當他去找工作時，卻發現沒有地方願意僱用他。這是因為，修鞋是門古老的技藝，修鞋業是種日漸衰落的行業，人們很少再去修鞋，而是把舊鞋丟了再買新的。這個城市的修鞋鋪已經有不少因此被迫關門。所以，可憐的鄧德花了許多精力，最後爬上的卻是一道連自己也支撐不住的梯子。

鄧德的教訓就在於他選擇自己的職業之路時，對社會的未來狀況缺乏了解，不懂他所選擇的卻是社會正在拋棄的。

透過鄧德的教訓，我們也可思考自己的目標是否與社會發展方向吻合。不要把可預測將被社會淘汰的事物，作為個人的奮鬥目標。

凡事豫則立，不豫則廢。做出抉擇前，我們有必要把相關情況進行科學合理的預測，才能有助提高選擇的正確性。

在現代社會，可預測的未來情況實在太多，既有宏觀的，也有微觀的；既有社會的，也有家庭的；既有經濟的，也有政治的。而且，由於目標不同，所預測的內容或重點也千差萬別。一般說來，以下幾點十分重要：

* **預測需求的變化**：你所選擇的職業，只有適應社會的需求，才有價值。而社會的需求千變萬化，今天的「熱門」可能瞬息變成「冷門」；今天的「冷門」明天也可能變為「熱門」。這就需要從種種跡象對未來的社會需求狀況作出分析預測。在市場經濟條件下，實現目標更是強調適應需求的變化。

* **預測時代的潮流**：時代的潮流也是千變萬化。適應時代潮流的選擇，才是值得做出的選擇，才是實現價值的選擇。換言之，只有適應時代潮流，才能適應社會需求。因此，在做出選擇前，有必要對社會潮流的變化加以關注和預測。

* **預測「規則」的變化**：無論做什麼事，都要本著一定的規則進行。即使違規，也有違規的「規則」。而在變革的年代，規則是在不停變化的。這對你的選擇有重大影響。簡單地說，假如你本著現在的規則，經過努力可以如願以償；可是，如果在你朝著選擇的路邁進時，規則變了，而你仍按老規則行事，那就必敗無疑。

可見，確立自己的職業方向時，首先要順應社會發展的大趨勢。那種脫離社會現實、一廂情願的選擇，無異於紙上談兵。

# 該選擇什麼樣的公司

職業的使命感和成就感需要透過職業生涯來實現。公司是個人職業抱負得以實現的平臺。沒有這樣一個平臺，再高的理想和再遠大的抱負都無法落實。一個好的公司往往能增進個人對職業的信心和成就感，而一個缺乏支柱的公司，往往會影響個人對從事某一職業的信心。

不少人在深思熟慮後選擇了一份職業，但當他進入職業角色時，很多框架約束了自己，發現自己的嗜好和興趣無法得到充分滿足，於是就產生挫折感，甚至喪失對這份職業的信心，開始懷疑自己的選擇。但這並不是選錯職業，而是選錯了平臺。現代職場上許多人之所以頻繁換工作，並不是因為不喜歡自己的職業，而是因為所處的平臺 —— 公司無法給他們充分發揮才能的機會。

每個行業都有很多公司，而每家公司的前途和命運大不相同。一旦我們選擇一份職業，就一定要選擇一家與職業相關的公司。

選擇公司還要視自己的情況而定，公司的優與劣、大與小之間並非絕對，尤其對具體的個人而言。人的能力在不斷增長，職業生涯也不斷變化，不同階段選擇公司也應有不同的標準。問問自己處於哪個階段？這一階段有什麼特別之處？職業

# 第八章 三百六十行，選哪一行

生涯規劃中有一種「三個三年」的說法，對於讀者來說有一定的參考價值。

* **第一個三年：學習期**

這是學校畢業進入職場的頭三年，個人目標應主要放在各層面的學習上，工作所需的技術、為人處事的態度或團隊工作的相關經驗，都將是未來馳騁職場的必需品，切勿過度要求公司的薪水或獎金的多少。

這一時期，你需要接受培訓，需要有個好的公司，並在最好的環境裡參加實際工作，獲得實際體驗，學習技術常識，增強職業上的自信心。因而在這一階段，學習重於薪水，報酬並不重要。

* **第二個三年：整合期**

第一個三年以後，應學會將公司具備的各項優勢及客觀條件，結合個人能力整合運用，在合適的位置上發揮最大功效。

與此同時，也要努力向外擴展，帶動公司跟著成長，而不要只是抱怨公司格局太小，總是有種壯志難酬的遺憾。只要能讓自己的能力充分發揮，勢必可以打破原有的桎梏，拓展公司的市場和規模。因此，這一時期不要過度考慮公司的規模。

* **第三個三年：創建期**

創建期的三年，已經進入「學有所成」階段，是施展真功夫的時候了。此時發揮個人實力，往往比所處職位的高低更重要。在職場上成長至此，已經具備各種基礎能力，應該全力發揮儲備的實力，同時要幫忙提攜後進，這樣個人在職場中的社會地位將會有所提升，謀求更進一步的職位也只是早晚的事情。如果你所在的公司能肯定你的能力，給你一個相當的職位，你就可以大刀闊斧地施展拳腳，即使公司規模不大，只要你能充分發揮自己的實力，也就沒必要再選第二家公司了。

職場上這種三個三年期是不斷變化發展的，作為職業載體的公司也一樣，公司的運轉也有生命週期，習慣上分為成長期、發展期、成熟期、衰退期。與此相應，公司又分成長型的、發展型的、成熟型的和衰退型四種，它們對員工的需求也各有不同。

* 成長型公司給人蓬勃向上、輕鬆愉快的氛圍，公司從老闆到員工都顯得年輕而有活力。成長型的公司往往選擇一些能吃苦耐勞的員工。

* 發展型公司在市場拓展過程中能展現出驚人的速度和贏得激烈市場競爭的高明策略，大有初生之犢的氣勢。發展型公司需要具有很強市場開拓能力的員工。

* 成熟型公司展現為嚴密的管理制度和成熟的業務形態，許多管理方面的東西是值得借鑑和學習的。成熟型的公司則會選擇一些高學歷、高素養、有管理經驗的職業經理型人才。

* 衰退型的公司表現為人心渙散，暮氣沉沉，不管員工多麼努力也只能得不償失。公司也在招聘試用一些人才，但你千萬不要涉足。

給我一個舞臺，還你一片精彩！

## 該選擇什麼樣的老闆

在一個公司裡，老闆是核心，是不折不扣的「靈魂人物」。老闆的眼界、能力和管理方法對公司未來的發展起著決定作用。我們在選公司時，老闆的風格和為人便成了必不可少的判斷依據，因為只有好的老闆才能讓你在公司裡得到良好的鍛鍊和發展。

找工作時，老闆有權選擇員工，同樣，我們也有選擇老闆的權利。，一個成熟的商業社會，企業發展相對穩定，個人創業已變得越來越不容易，有更多人可能在人生的某個階段甚至一輩子都要扮演雇員角色。因此選擇一位值得追隨的老闆，是個人前途的最大保證。

一生中能允許你有幾次錯誤選擇呢？如果選擇不當，剛踏入社會的黃金階段就連換三五個工作，成功的機會便大大降低。謹慎地選擇可以追隨的老闆，是你一生中少數幾個最重要的個人決策之一。

好公司中的好老闆，能夠培養我們更多的能力和信心，能為我們提供更多幫助。同樣，即使在一個不怎麼景氣的公司，如果能遇到一個好老闆，也會獲得更多助益。如果我們抱著向老闆學習的態度，選擇一個好老闆就顯得更重要了。

物以類聚，人以群分。與什麼樣的人交往，對個人的成長影響頗大。俗話說：常在河邊走，哪有不溼鞋？長久生活在低俗的圈子裡，無論是道德上還是品味上的低俗，都不可避免地讓人走下坡路 —— 我們應該努力接觸那些道德高尚、學識不凡的人，這樣才能促進自己的進步。

一名職業培訓師到某大學做職業生涯規劃的演講，一名學生問他：選擇公司最重要的因素是什麼？大師反問他：你認為你最重視的是什麼？學生的回答不是薪資、福利等人一般普遍關心的問題，而是「值得追隨的公司領導人」。

這個答案使老師高度好奇，忍不住追問：為什麼你把企業領導人列為最重要的因素？這位聰明的年輕人滿懷自信地回答：只要跟對老闆，學得真本事，一輩子都受用，還怕沒有機會出人頭地嗎？

# 第八章　三百六十行，選哪一行

　　這位年輕人的理念正是我們要推崇的，而他尚未踏出校園，也還沒接觸到社會深沉的一面，但懂得第一份工作就該選個好老闆跟隨，也算得上有遠見了，而今這名學生已成為微軟的重量級管理人員。

　　無論求職時對即將從事的工作進行多麼深入的研究，但你只能找到一份工作。如果你遇到的老闆不是那種慧眼識英才的人，你的能力和貢獻就白搭了，甚至他還會毫無道理地打壓你，讓你內心產生失落感。甚至產生對工作的厭倦和對心靈的傷害。

　　關鍵的問題是：好老闆在哪裡？判定標準又是什麼？

　　好老闆的臉上沒貼標籤，職場中的你需要練就一雙慧眼。概括起來，選擇以下三種類型的老闆是個不錯的選擇。

1. **選擇值得信賴的**：如果你選擇的老闆是個扶不起的阿斗，你把精力和能力浪費在他身上，豈不是白費心思？那麼什麼樣的老闆值得信賴呢？值得信賴的老闆應該具有以下特質。

   A. 有魄力，但不莽撞；

   B. 刻苦勤勞，做事嚴謹；

   C. 做事細心，反應機敏；

   D. 具有創新精神；

   E. 對待員工寬厚，但不縱容；

   F. 重視商譽，不投機取巧；

G. 在所屬業界有良好的公共關係圈；

H. 自制力強，有出汙泥而不染的毅力；

I. 有識人與用人的才能；

J. 有擴展事業的雄心和理想，具有積極向上的精神。

2. **選擇和自己患難與共**：如果你在中小企業工作，要有犧牲眼前利益的精神，把公司的發展當作自己的發展，工作比在大企業辛苦，拿的錢也比在大企業少，你唯一的希望就是幫助老闆把生意做大，在水漲船高的情形下，你才有前途。因此，你進入中小企業後，一定要抱定與老闆共患難的決心，把自己的前途賭在老闆的事業上。當然，這樣做的前提是，老闆必須是個可信賴的人。

3. **選擇具有現代經營理念的**：企業的經營管理，已成為綜合性的科學產物，不管是人事的組合、投資的分析、市場的拓展，都有一套系統的做法。老闆不具備這種新的觀念，企業就沒有前途，你的命運可想而知。

以上三點，以第一點和第三點尤為重要。

當然，老闆在很大程度上由不得自己選擇。但是，你可以創造條件去接近心目中認定比較理想的老闆。選擇老闆時，不僅要看老闆的思想意識、他們對下屬的關心程度及提攜下屬的能力等，還要看你自己的意願和想法以及興趣。有些人在工作中追求的是職務的晉升；有的是追求較安定的環境；有的是追

求較高的經濟收入；還有的是為了事業的充實。目的不同，對老闆的要求就不同，選擇老闆的標準當然就更不一樣。

老馬帶路走捷徑，貴人相助易成功。

## 辭職之前請三思

「君不賢，則臣投別國」，韓信捨項羽投劉邦，成就一番豐功偉業。跳槽不是什麼難堪事，棄暗投明是你應誓死捍衛的權利。

你或許有過這樣的經歷：面試的時候，那似乎是個理想的職位，處處符合你的要求，你甚至以為自己終於找到一份好工作。你把全部心思放在公司，希望一展所長，可是，你卻發現現今自己所做的只是些很瑣碎而毫不重要的事，換言之，你被拋到一個閒置的位置上。上司答應交給你一份具有挑戰性且有創意的工作，可事實是這份工作讓其他同事瓜分了。你很生氣，是不是？

人在氣憤中，往往會做出很衝動的事情，所以在你未採取行動向上司遞辭職信前，還須三思。如果你是首次在這個行業發展，對很多事情仍感到陌生，你需要多做、多問、多學習，故而不該養成練精學懶的性格，更不可斤斤計較，能有機會讓你深入了解自己的工作，什麼事情都讓你動手去做，這是你的福氣。

　　相反，如果你對現今的工作不感興趣，無法從中獲得成就感，最令你耿耿於懷的是，你的工作性質與你的想像相差太遠，例如：面試時，上司答應讓你擔任他的私人助理，結果其他同事把你當作勤工看待，事無大小，都叫你去跑腿，遇到這種不合理的現象時，你應該直接跟上司談談自己的感受與想法，事情可能會有轉機，上司會重視你的價值。

　　如果你遇到下列情況，便要特別注意，也許這就是你跳槽的理由：

1. 經營不善，老闆沒有眼光；
2. 經營不透明，老闆把公司當成私人物品；
3. 有能力的人紛紛辭職，無能力的人受到重用；
4. 中層幹部萎靡不振；
5. 高層幹部獨斷專行。

　　總之，當今社會是個開放的社會，工作也是一種雙向選擇。單位有權選擇你，你也有權選擇單位。樹挪死，人挪活，好莊稼要種在沃土裡。

　　漢雷在賓州大學攻讀的是冶金工程，他在假期中，曾到一家鋼鐵公司工作，想學點實際經驗。快到大學畢業時，他發覺在工廠裡工作，並不比推銷工作更有意義，所以他跟鋼鐵公司的業務負責人商量，是不是可以讓他做外務工作，到外面去做推銷員？

漢雷當時得到的答覆是：「除非你在公司熬到頭髮白了。否則，不可能有當推銷員的機會。」漢雷不想虛度光陰，在他父親的推薦下，去了普羅克特‧蓋勃公司。

　　普羅克特‧蓋勃公司，是美國著名的清潔劑製造廠商，在這公司裡工作的人，不論年齡、資歷，甚至不重視學歷，只要在工作上表現傑出，馬上就會升到更高一級。漢雷對自己的能力深具信心，因此，他很快就對這項人事制度產生興趣。他相信，只要在這公司幹下去就一定有前途。

　　這時候，正好普羅克特‧蓋勃推出一種新產品——汰漬清潔劑，需要大力在市場上宣傳、銷售。漢雷立刻抓住這個機會，充分發揮自己的推銷能力，一面與同行競爭，一面與同事之間展開業績競賽。一年中，他在同一推銷地區連獲三次第一。於是，他被調升的命令下來了，公司任命他為洛杉磯地區的高級推銷員。

　　此後三年中，漢雷又獲得兩次升遷，職位已接近地區經理。當時，普羅克特‧蓋勃公司已是全美排名第十九位的企業，他們培養管理人才的優良制度，在當時是出了名的。漢雷看準了這點，所以下定決心，要在這個企業出人頭地。兩年之後，漢雷升任為地區經理。

　　在職場上，千萬不要把太多時間浪費在一個不值得你跟隨的以下幾種上司身上。

* **多疑型**

  多疑型上司總有一系列錯覺，認為他與下屬或上級之間有許多衝突。人們很難與多疑的人共事，因為他們想像的與客觀世界中的真實常常不同。他們腦中的扭曲想法無法被其他人接受。因此，別人很難預料或解釋他們的行為和態度。

  多疑型上司的典型行為表現為：

  · 錯誤地指責別人的看法；
  · 不當地理解別人的行為。

  多疑的人很少有關係密切的同事或好友。他們的多疑阻礙他們與別人交往，而別人則會非常留意與他們保持一定距離，以防止不必要的衝突或問題。

  為多疑型的上司工作會使你產生一種不切實際的感覺。由於他們經常會不真實地認為自己與別人有衝突，或許也和你有衝突，因此你總是不得不花時間猜測他們的態度，並經常為自己辯解，從而影響你的工作和晉升。

* **傲慢型**

  傲慢型上司通常自命不凡，在缺乏根據的情況下聲稱自己是非常重要的人物或享有極大權力。他對別人總是採取上級對下級的態度，並經常沉浸在自封的重要性中，這使別人很難與他對話或共事。

  傲慢型上司通常在工作中比較能幹，但由於對自己真正的

# 第八章　三百六十行，選哪一行

重要性缺乏清楚的認知，他們會把注意力集中於怎樣給自己的頂頭上司或其他上層人物留下良好印象。他們不太容易接受改革的想法，除非他們自己是新想法的宣導者。他們通常很難與同事保持密切關係，因為他們的傲慢本性使別人對他們保持距離。

\* **無能型**

這類型的上司不能適當地做好他所負責的工作。他在工作中的努力不是得不到理想效果就是花費太多時間。通常，這樣的人對自己的無能視而不見，並且對任何可能顯示自己缺陷的批評方式高度敏感。他不認為自己應對工作中的問題負責，而是一有問題就迅速指責別人。無能型上司的工作成果表明了他的能力和水準。

一位調查預測組的負責人由於缺乏必備的知識和能力而無法制定出合理的調查問卷，但他反而對別人根據規定的操作規程而制定出的調查問卷不滿。這是無能型上司的一個典型例子。

無能的人似乎對自己的每個無能行為都有藉口。這種防禦方式是他們習慣無止境地為自己尋找藉口的結果，敢做敢為的下屬和很有能力的人經常被無能型上司視為威脅。這種不喜歡也許是因為害怕自己的無能被曝露在眾人面前而引起的。這對你想藉助他有所發展，無疑是個阻礙。

* **吝嗇型**

剛大學畢業的小敏在一家小電腦公司當祕書。

她的薪水很低，每月不到 30,000 元，且工作半年後絲毫沒有加薪的跡象。加班沒有任何加班費。老闆對她的要求很嚴格，用過的廢紙必須翻過一面再用，最後存起來賣掉。賣廢紙的價錢也是由老闆經過半小時的談判才達成，收廢品的人因為賺得太少，要求老闆把廢紙搬到院子裡。老闆當然不會親自動手，於是，小敏只好一次次把成捆的廢紙搬到樓下。

當另一家公司向小敏遞出橄欖枝後，她馬上就離開了。

* **嫉賢妒能型**

這類上司往往很有能力，然而心胸過於狹窄，聽不進雇員的意見，常對一些比自己強的員工進行打擊報復。有想法有創造力的員工無法忍受這種老闆。一部分外企和新興高科技企業的員工把這種上司列為最不受歡迎的上司。

* **任人唯親型**

祥子在家鄉的一家服裝廠當主任。服裝廠裡除了他，很多人是廠長的親戚。這種事在家族企業非常普遍。廠裡的財務科長是廠長的小舅子，採購科長是廠長的妹夫。他們平時在廠裡作威作福，威風八面，工人對此很有意見，因此辭職的人不在少數。

儘管廠長很看重精通技術、善於管理的祥子，並委以重任，但祥子制定的規章制度與決策在廠裡卻往往無法執行。原因就是廠長的親戚根本不把他放在眼裡。祥子和廠長就執行之事溝通過幾次，也沒什麼效果，便心灰意冷，睜一隻眼閉一隻眼地混日子。祥子在服裝廠能有多大前途嗎？其實他還不如離開得好。

「良禽擇木而棲，賢士擇主而事」，這是中國古代謀士人格力量的表現，也是其處世心術之一。擇主而事，就是要選擇那些他們心目中的「明主」，去輔助他，為他出謀劃策，使自己的聰明才智得以充分發揮。

李斯生於戰國末年，年輕時當過小官，對當時的現實和自己的處境很不滿，一心想建功立業。他經常看見在廁所覓食的老鼠，遇見人或狗就慌忙逃竄，樣子十分狼狽。再看糧倉中的肥鼠，自由自在地偷吃糧食，卻無人打擾。

李斯由感嘆得到啟發，發現人要像糧倉之鼠，才能為所欲為，自由自在。他到齊國去拜荀子為師，專門學習治理國家的學問。

學成之後，李斯仔細分析當時的形勢。楚王無所作為，不值得為他效力。其他幾國勢單力薄，也成不了大氣候。他感到只有秦國能有所作為，於是決定到秦國去。

　　臨行前，荀子問李斯去秦國的原因，李斯回答說：「學生聽說不能坐失良機，應該急起直追。如今各國爭雄，正是立功成名的好時機。秦國想吞併六國，統一天下，到那裡去正可以幹一番大事業。人生在世，最大的恥辱是卑賤，最大的悲哀是窮困。一個人總處於卑賤貧窮的地位，就像禽獸一樣。不愛名利，無所作為，不是讀書人的真實想法。所以我要去秦國。」荀子對此加以讚賞。

　　在十年內，李斯輔佐秦始皇消滅六國，完成統一天下的大業。他因此為秦始皇器重，升到了丞相之位。

　　李斯不愧是識時務者，當然屬俊傑之列。他從廁所和糧倉中老鼠的兩種截然不同遭遇得到啟發：一定要選擇英明的君主，才能使自己像倉鼠那樣「為所欲為，自由自在」，充分施展自己的才華。

　　中國歷史上還有不少謀士像李斯那樣「擇主而事」，如商朝末年的姜子牙，直到晚年才遇到心目中的明主；漢代人稱「大樹將軍」的馮異，曾數易其主，最後投靠當時官小勢微的劉秀，並輔佐他打天下，建立東漢王朝……

　　當然，擇主而事要順應時勢，順應歷史發展的要求，絕不能「有奶就是娘」而盲目事之。那樣，不僅會毀了你的大好前程，還會為你帶來災禍。

　　良禽擇木而棲，賢士擇主而事。

## 第八章 三百六十行,選哪一行

# 創業之路誰領風騷

　　每年都有數萬各式公司、企業、店鋪在鞭炮鑼鼓聲中開張,由此催生成千上萬嶄新的百萬富翁、千萬富翁。創業的大戲已經開鑼,誰甘寂寞?

　　創業當老闆賺大錢,當然很風光。然而,你打算創一番什麼樣的業?你憑的是什麼?

　　你必須回答以下一連串的問題:

### 你真的想當老闆嗎

　　看完這個問題,讀者可能會大聲說:當然!

　　表面上看,當老闆挺風光,自己說了算,不用受人擺布。然而,事實並非如此。拿許多新創業的老闆來說,老闆一般也兼任夥計,進貨、出貨、接電話甚至清潔打掃,都由老闆動手來做。這樣的老闆也許不如想像中那樣風光。再說受人擺布,老闆也絲毫逃脫不了。刁鑽的供貨方、蠻橫的客戶,也隨時都可能「擺布」你,而很多時候你只能選擇忍氣吞聲、笑臉相迎!

　　如果你真想當老闆,想從此開創一番事業,那麼你就要對老闆「風光」背後的艱辛有充分的心理準備。但如果你只因虛榮或利益的誘惑而坐上老闆的「寶座」,那麼創業之後的不順——哪怕只是一點點,也可能使你產生失落、後悔的情緒。

沒有一家一開張就能一帆風順的企業，懷抱這種心態的老闆，其創業的前途就可想而知了。

看完上述文字，現在你再問問自己：我真的想當老闆嗎？如果答案是肯定的，那麼你就可以開始下一步的工作了。

## 你適合當老闆嗎

當老闆除要具備一定的外在條件，自身還應具有一定的心理素養和個性方面的特徵。一些心理專家和管理專家認為，如果你具有以下 10 項個性特質中的 3 項以上，你就適合創業當老闆，你要肯下功夫，也許離成功只有一步之遙。

1. 勇於冒險的人。這是一些善於發現新生事物，並對新生事物有強烈求知欲的人，他們對新出現的生意有躍躍欲試的衝動，即使沒有十分把握，也敢果斷嘗試。

2. 自信心十足的人。這種人認為人定勝天。一個人的事業能否成功，不是命中注定，而是完全靠自己掌握。相信自己能利用有利因素戰勝一切困難。

3. 思路清晰的人。他們對於將要從事的事業能有科學的規劃。了解自己的長處和短處，清楚自己究竟能做些什麼，能做到什麼程度，善於發揮自己的長處，著眼於未來，對未來有準確的判斷。

4. 善於交際的人。這些人善於交際，他們認為多個朋友多條路。不分貧富貴賤，四海之內皆朋友。

5. 有主見的人。他們喜歡和別人合作共事，也容易接納別人的不同見解，但對自己認為正確的意見不輕易改變，不容易被別人影響。

6. 永不滿足的人。他們不會因為小小的成就而沾沾自喜，勇於投入更大的人力、物力和心血去創造奇蹟。

7. 工作狂。這種人對工作有濃厚的興趣和用不完的熱情，他們不因遇到困難和挫折就消沉或半途而廢。恆心和毅力是其堅強的支撐，並堅信「不到長城非好漢」的信念。

8. 永不言敗的人。他們不怕失敗、不言失敗，即使失敗，也會頑強地站起來。失敗在其看來，就像人生路上的一次意外跌跤，重新站起來，輕揮一下灰塵，大步向前，又是一片嶄新的天地。

9. 極富感召力的人。他們有顆博大的愛心，對待每位同事都能像對待自己兄弟一樣，友善平等地去施予關愛之心，呵護真誠，他們認為下屬、同事都是自身的一分子。

10. 管理欲極強的人。當他們一想到自己當上老闆，即將獨立管理許多事務時，不但不感到緊張和膽怯，而是更加精神煥發、鬥志昂揚，做事更加胸有成竹、有條不紊。

## 你了解這個行業嗎

創業要面對的是個廣闊的新天地。張三開饅頭店賺了幾十萬，李四開美容美髮店每天數千元營業額……他們都在賺錢。

然而，不要以為別人能賺錢的行業，你進入也能賺錢。

做生意成功的口訣之一是：「不熟不做。」那就是說，你開始經營的生意，一定要是你熟悉的生意，不該以外行人身分半途出家，搞些自己一無所知的事業。

自己熟悉的生意，自己就容易掌握得多，這是初做生意的捷徑。以我一個朋友李先生為例。他父親經營茶館，所以他童年時就已耳濡目染地接觸咖啡奶茶，等到自己開始學做生意時，開始是經營飯館，後來擴展為茶餐廳，以後他雖經營過不少其他生意，但始終以茶餐廳為根基。

一位張先生，經營舊式理髮店多年。他的幼子繼承父業，但不是留在父親的理髮店，而是自立門戶，開設新式髮型屋。

做自己熟悉的生意，自己可以駕輕就熟，對於各方面知識和業務都已熟悉，做起來就得心應手，雖然剛剛開業，但就像做著原來的工作那樣，只不過是換個環境，換上了老闆身分。

做自己熟悉的生意，會帶來平穩和順利，否則會給自己帶來許多意想不到的難題。有個長期從事餐飲業的朋友，由廚房學徒做起，等到在廚房內能獨當一面時，想自立門戶，卻不喜歡當廚師，竟然第一次做生意就跨足旅行社。他對這方面根本就不熟悉，毫無經驗。那時候，旅遊業雖然前景看好，卻有許多這類旅行社，他只是其中平凡的一員。於是，維持不了幾個月，他又走回廚房當大廚。旅行社生意便只是曇花一現。

# 第八章　三百六十行，選哪一行

　　不過，相隔幾年，他又回到生意人的行列，這次卻做回本行，在商場裡開了家中式速食店，用獨具地方風味的烹飪方式做出美味的速食，頗受歡迎。

　　在創業時，一定要做自己熟悉的生意，才最容易站穩腳跟，在逐步取得收益後，再擴展經營範圍。

## 你的競爭優勢何在

　　商場如戰場，競爭冷酷無情，六親不認。要創業做老闆，就必須了解自己的特點。如果在創業前能充分認知自己的競爭優勢，就可少交或不交「學費」，避免賠本。

　　那麼，怎樣才能了解自己的競爭優勢呢？

＊ **徵詢意見法**：向自己的父母親人、同學朋友、師長同事徵求意見，了解他們對自己的看法評價。俗話說，當局者迷，旁觀者清，讓熟悉你的旁觀者指出自己的優勢所在。

＊ **自我反省法**：自我反省法可幫助我們深入了解自己的才能及事業傾向。了解在過去的生活及工作中有哪些是自己最喜歡，又能取得較大成功的事。檢討一下以往幾年間自己的性格和「自我形象」的轉變，其中有哪些明顯的趨勢，能否藉以推斷以後的轉變方向及自身發展趨勢。

＊ **心理、職業測試法**：目前社會上有不少關於性格、智力等方面的測驗，不妨測試一下以作參考。

\* **感覺法**：對自己無把握的事，本能地會產生一種畏難情緒，這是沒有自信的反映；與此相反，如果對所做的事感到確實有信心能做好的話，就說明你在這方面或許有一定的才能。

\* **求證法**：就是用事實作證明。寫出小說才是作家，會畫畫才是畫家，有發明創造才是科學家。你有沒有經商的才能，不妨先從小商品賣起，練練看，試一試，看能賺多少錢。

\* **考試法**：目前除了學校用考試來測驗學生成績的優劣外，一般企業、外資企業、政府機關等條件優越的單位，經常採用公開招聘考試的方法選拔和錄用各種有才人士。通過考試也可客觀地評價自己。

\* **自問法**：向自己提出必須解決的問題，可分為兩類。先問：「我是誰？」其中要搞清楚的具體問題包括：人生觀、價值觀、滿足需要的次序、資歷、興趣、能力、學業背景、個人形象、動機、家庭背景和影響、其他性格特徵等。再問：「我的優勢是什麼？」包括目前從事的工作、專業特長、其他資格和技能、社交及與別人溝通的能力、可能發展的技能、社會活動、旅行經驗、工作經驗、喜愛的工作環境、推銷產品的能力、是否喜歡冒險等。

除了運用各種方法了解自己的競爭優勢和潛能外，還要根據自身實際狀況客觀評價自己，如學歷、社會經驗、智慧、興趣等。

## 你有多少可支配的資金

現在我要直截了當地問：你有多少可支配資金？

如果你因新購進的商品占用了一大部分資金，那麼我要告訴你，一般除了開店資金，最起碼需準備 3 個月、甚至半年的周轉金，才足以應付各種包括進貨成本的支出。

創業之初，資金的募集往往特別艱辛與困難。除了因個人集資經驗不足外，生意尚未有任何經營成果，還不足以證明它的可行性與前景也是原因之一，這也說明了「萬事起頭難」的道理。

## 你的家人支持嗎

對於創業這件事，身邊的人，如配偶、孩子、父母、朋友，他們持何種態度？是無怨無悔全力支持，還是拚命反對？

舉個例子來說，一旦辭掉原先的工作，家中馬上會失去一份固定收入，創業以後家務事不是做得馬虎草率，就是別人休息時你也可能要東奔西跑，不能陪伴小孩。而家人一旦反對你創業，這將直接對你造成壓力。特別是你遇到生意不景氣時，如果最親近的家人不是雪上加霜地說：「當初叫你別做，你就是不聽！」而是適時給你鼓勵：「再苦也是我們自己選的，再試試看吧！」我想任何人都會願意再拚一次。

世上只有親人和好友能在你成功時給予衷心的祝福，而不只是誇張地稱讚。

　　所以，當你決定創業時，首先必須和家人及朋友認真溝通，取得大家的諒解和支持，讓自己沒有後顧之憂。

　　人生只有在空虛和平淡無味的人眼裡才是空虛和平淡無味的。

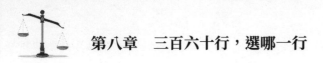

# 第八章　三百六十行，選哪一行

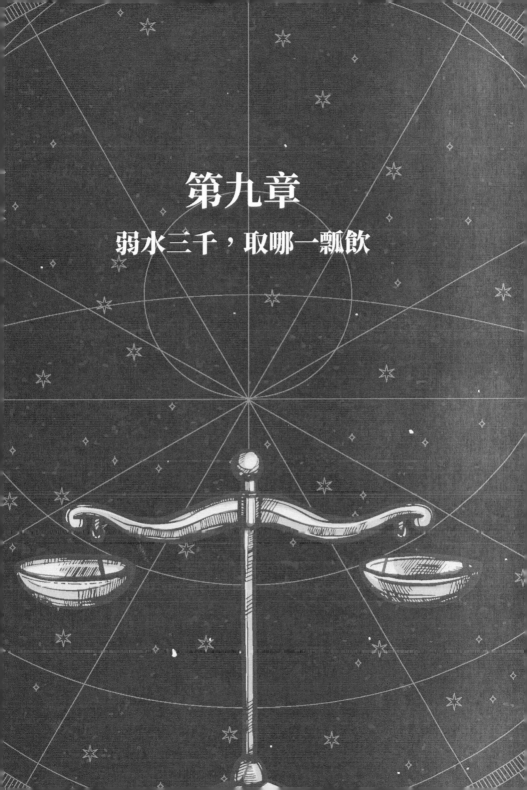

# 第九章
## 弱水三千，取哪一瓢飲

# 人生大事，自己做主

　　某人找了個對象，如果周圍的人都誇這個對象好，某人會十分高興，越看越好，感情大為增進；如果周圍的人都說這對象不好，某人就會大為沮喪，再看看也覺得不那麼好了。

　　中學女教師琳琳十分喜歡一位造船廠工人，各方面都很滿意，但最後還是與他分手。問題出在哪裡呢？原來在這位教師的同事中，沒有一個找工人做丈夫的。大家都勸她不要「遷就」。開始時，她還想「撐」一下，可是不久，風言風語就來了：有的說她「層次低」；有的說她「平時蠻有傲氣的，想不到在這問題上這麼沒志氣」。人言可畏，琳琳終於受不了，最後她咬咬牙，斷了與那位船廠工人的戀情。

　　這種事在生活中並不少見。本來，戀愛是男女雙方的事，只要自己滿意就行了，何必要別人來當裁判呢？但在實際生活中，常有別人怎麼評價、自己也跟著怎麼評價，別人怎麼做、自己也跟著怎麼做的現象，這種心理狀態，就叫「從眾心理」。

　　「從眾心理」是一種普遍的社會現象。例如在市場上常可以看到這種情況：兩個相距只有幾步的水果攤，同樣的品種，同樣的品質，同樣的價格。如果甲攤有些人在排隊購買，乙攤一時無人光顧，這時來的兩個顧客，往往也擠到甲攤而不去乙攤。他們的心理是：甲攤的顧客多，一定是因為甲攤的貨色比

乙攤好。又如百貨公司門口排起長隊，有些人經過這裡，往往沒弄清楚在賣什麼就先排起隊、占個位置再說。他們的心理則是：那麼多人搶著買，一定是便宜貨！

在戀愛、婚姻問題上，「從眾心理」也有明顯的表現。例如，光復後有段時期，人們認為找個公務員對象好，於是不少女孩便喜歡找公務員；有段時期人們認為找職業軍人好，於是不少女孩也屬意職業軍人；再後來，人們認為找知識份子好，於是知識份子在某些女孩心中就變得吃香；而現在，吃香的又是腰纏萬貫的商人了。

人為什麼會在戀愛中產生「從眾心理」呢？

第一，因為對這件事心裡沒把握，認為人家都這麼說，總有一定的道理。例如那位女教師琳琳，一個人對她說和造船廠工人結婚不合適，她可能還不放在心上，但許多人都這麼認為，而且一再對她這麼說，就使她的心理產生動搖。心想：這麼多人都這麼看，不能不慎重考慮了。「眾口鑠金」的效果就這麼顯示出來了。

第二，迫於壓力。前面所講的女教師琳琳也有這種情況，那麼多人說她「層次低」、「沒志氣」，她就受不了。這就是一種輿論壓力，使人改變對事物的態度。

第三，缺乏主見，缺乏獨立思考的習慣。這個人這麼講，那個人也這麼講，心就亂了，就被這種主張牽著鼻子跑了。「有

主見」和「從眾心理」基本上是相斥的，一個人越有主見，「從眾心理」就越弱。

愛我所愛，無怨無悔；人生大事，自己做主。

一切直接引向快樂家庭步驟中的第一步，便是慎擇你的終身伴侶，並聰明地使兩個生命合而為一。

## 破除擇偶的偏見

人的認知往往受到過去經驗、社會傳聞以及在此基礎上形成的社會心理結構影響和干擾。選擇戀愛對象也一樣，社會評價、他人的選擇標準、從傳聞中獲得的愛情知識和對方資訊都會嚴重影響選擇者的眼光。在不能正確對待並不能排除干擾的情況下，許多人就會發生一些常見的選擇偏見，如社會刻板印象、先入為主印象、第一印象、暈輪效應等。

### 刻板印象

常聽到有些人宣稱自己「非臺北人不娶（嫁）」之類的擇偶要求。這些人找對象時，對職業、階級、地域有相當嚴格、甚至頑固的要求。對某些職業或階級的人一概拒之門外，而對另一些職業或階級的人則舉雙手歡迎。從心理學上說，這樣的人深受社會刻板印象的影響。

在角色認知中，人們對每個角色都有些固定的、一般的看

法和評價，社會刻板印象就是人們對某種角色或某種類型的人的一些固定而統一的看法和評價。比如，認為南方人比北方人狡猾和靈活，大學生比較自信、高傲和浪漫等，都屬於社會刻板印象。

社會刻板印象是表面的、一般的、籠統的，儘管反映了一定的事實，但對於每個個體來說，則是不具體、不全面的，往往不合乎個人的現實狀況。尤其是當社會角色內容改變時，如果還死守已有的刻板印象，那就會發生偏見。

在選擇對象時，有相當一部分人會憑刻板印象辦事。有人曾給一位年輕女孩介紹對象，她一聽到對方是位中學教師，就表示不同意。她說，教師的生活單調、清苦。這純粹是陳舊的社會刻板印象。隨著社會尊重知識、尊重人才風氣的形成和發展，教師的角色內容發生了根本變化。那位被介紹的中學教師，剛好是位興趣廣泛、才華洋溢、頗受學生尊敬的「現代型青年」，並不是人們想像中的「老夫子」。那位女孩死抱陳腐的刻板印象不放，對自己是有害的。

選擇對象還可能受到其他刻板印象的干擾，如地域、家庭等等。有人會明確提出某地女子不娶，某族男子不嫁，某種家庭的人不予考慮。

同時，從刻板印象出發也會誇大某人的優點或給某人一些不存在的優點，以致讓人誤入情網。社會上有些女子拚命追求

男大學生。其實，有一些男大學生的思想修養沒有多好，也談不上有多少真才實學，只不過徒有虛名而已。

　　為了擺脫這些刻板印象，人們必須深入生活，實際去了解、觀察、發現對方的特點，從實際交往中去感受、體會對方的思想情感，切忌以某種舊模式來衡量人。

## 先入為主印象

　　先入為主印象是社會輿論在人們腦中的反映。它是指認知主體開始認知之前，就有意或無意地從輿論或傳聞中吸收認知對象的某些資訊，從而對認知對象形成某種看法。人們選擇對象，往往受先入為主印象的影響。尤其是仲介式溝通的戀人更受其害。因為仲介人（介紹人或媒婆）會在兩人見面之前先吹噓一番，以造成好印象，讓兩人願意相會。這樣，兩人便各自都有了關於對方的先入為主印象。

　　先入為主印象的關鍵作用就在於決定了兩人之間是否建立連繫。有些人因為對某人有了不好的先入為主印象，就不想與對方見面，或見面之後，只注意到缺點而失去興趣；相反，有些人則因事先有較好的先入為主印象，在兩人接觸和交往中，就帶著濾鏡看人，只注意對方的優點和長處，而忽略弱點和缺陷。因此，先入為主印象的好壞直接影響認知、交往的可能與效果。

　　沒有主見的人容易受先入為主印象的影響，因為他們容易接受、相信社會輿論和受他人左右。有位年輕女子聽到朋友經

常議論一位年輕男子。人們對他的讚賞，使她產生了愛慕之情，就貿然前去求愛，並閃電結婚。可是婚後她發現自己的丈夫只在女人面前才表現良好，在其他場合則不然，同時思想品德不良，不勤勞，還很粗暴和武斷。這時她才深深體會到自己上當了。這說明不能僅僅憑先入為主印象決定婚姻大事。

因此，人們在選擇對象時，一定要實際觀察和了解。特別要在與對方直接交往中認識對方，不能偏信人言，人云亦云。要把自己的實地考察和直接交往的體會與別人的意見相結合。

## 第一印象

第一印象是認知者與被認知者在直接接觸中形成的最初印象。比如，與別人見面時，第一眼看到對方的形象和風度，或第一次與對方談話留下的印象。第一印象的好壞往往影響被認知者的評價，而對認知者的評價又決定選擇方向。如果對方給自己的第一印象不錯，比如長相好、有氣派，或很熱情、很文靜等，那這個人就很可能成為「候選人」；相反，如果第一印象很差，那選擇者就會馬上煞車。

第一印象之所以有這麼大的威力，與人們過分相信感官而不太信任理智有關。社會心理學的研究顯示：在認知中人們特別重視那些由親身實踐得來的資訊，尤其相信感官刺激性的資訊。身材長相、外表風度、言談舉止、態度性情等最容易形成第一印象。好的長相和風度往往給人良好印象；舉止端莊大方，待人禮

貌熱情最容易使人產生好感；言談慷慨動聽往往使人產生崇拜和
羨慕之情。男人往往被姑娘的優美身段、甜美的表情、文雅的舉
止所吸引；女人則容易折服於風度翩翩、言辭侃侃的男人。

　　第一印象只是表面印象，它會模糊視線，不能全面、深
入、真實地反映被認知者的本質。人們切不可憑印象辦事，更
不能憑直觀決定婚姻大事。因為美貌非凡的人並不一定有慈善
心腸，品德高尚的人不一定舉止優雅，有些其貌不揚者也可能
有豐富的內心世界。

## 暈輪效應

　　暈輪效應（halo effect）又稱光環作用，在社會心理學的認
知理論中，它是指對某人的某種整體印象或某些具體特徵的感
受影響對他的認知評價。比如看到一個人穿著整齊清潔，印象
不錯，則很可能認為他做事細心、有條理甚至負責任。反之，
如果對某人印象欠佳，則很可能忽視他的很多優點。簡言之，
暈輪效應就是一種以現象代替本質、以偏概全的認知偏見。它
起源於感知中「中心性質」的擴張化。一個人的外表、態度、
道德品質、特性、特定的行為往往成為認知的中心性質。在認
知過程中，這些性質往往擴張甚至取代其他性質，成為決定認
知效應的主要因素。

　　暈輪效應可分為正負兩種：所謂正面的暈輪效應是指由某
些積極、肯定的性質或印象形成的對此對象的積極、肯定性評

價。比如看到某人有某些優點，就以為他還有其他與此一致的優點，因而得出此人很不錯的結論。所謂負面的暈輪效應則是指由某些消極的或否定性的特徵或印象形成的對此對象的否定性評價。比如看到某人的某些缺點，就推斷他還有其他更大的缺點，得出這人不好的結論。正面暈輪效應誇大對象的優勢和長處，給對象過高的評價；負面暈輪效應則誇大對象的缺陷與不足，以至於給人的評價太低甚至採取否定態度。因此，無論是正面、還是負面暈輪效應，都影響人們的認知活動及其評價的全面性和準確性。

擇偶作為一種特殊的選擇認知，最容易發生暈輪效應。被選擇者某些具有吸引力的特點往往成為中心性質而發生擴張，以至於有人僅憑某方面便決定理想對象。如相貌身材、才華風度、情感表露等方面，對產生愛意而言，就是暈輪效應的導火索。

有些男人特別注重女孩的身材與長相，看到一個漂亮女孩，很可能就認為她還有其他更可愛的優點‧性情溫柔、本性善良、修養不錯等。因而就會毫不遲疑地愛上她，並想辦法得到她。誠然，有的漂亮女孩也許真有這些優點。但是內在美與外在美並非絕對一致。二者有時是互相矛盾，互相分離的。這時多情的男人就會上當。很多男人只把女友長相作為首要條件，這是很嚴重的錯誤。同樣地，有些「才子」也是許多女孩的進攻對象。相反地，一些才智普通但品德高尚、上進心強、工作積極的人則被女孩忽略。有些女人儘管可能追到一個「才

子」或有地位的人，但這些人並不一定會是她們的好丈夫。

「郎才女貌」是封建社會中「門當戶對」婚姻標準的輔助條件。在當今社會中，年輕人擇偶應該以志同道合、情意相投為標準。

選擇伴侶要用眼睛，不可單靠耳朵。

## 站在成熟的階梯上做出選擇

為什麼有些人不能一次戀愛就成功？

人生是個漫長的旅程。在這旅程中，人們大都要經歷若干級人生階梯。這種人生階梯的更換不只是職業的變換或年齡的增長，更重要的是自身價值及其價值觀念的變化。在「又升高一級」的人生階梯上，人們也許會以一種全新觀念來看待生活，選擇生活，並用全新的審美觀念來判斷愛情，因為他們對愛情的感受或許完全不同了。

這種情況在某些影星的生活中常可見到。英格麗‧褒曼在其自傳《我的故事》中敘述了自己三次選擇伴侶的始末。她的初戀在當時的狀況下也是一次滿意的戀愛。然而，這位天才少女的奮鬥歷程和她的價值觀也同步成長，當她蜚聲影壇時，褒曼才找到自己的生活位置和人生價值：這時她才完全成熟。因而，她水到渠成地做出第二次選擇：與導演羅伯托結合。這次選擇，對超級影星褒曼來說，應該算是合情合理。儘管生活

逼迫她做出第三次選擇，而她女兒曾斷定母親「不擅長選擇丈夫」，但褒曼一生的愛情光環都圍繞著與她志同道合的羅伯托·羅塞里尼。

這種人生的「階梯性」與愛情心理中審美效應的變化關係，在許多歷史名人的生活中也可看到。比如歌德、拜倫、雨果等，他們更換的鍾情對象往往表現出他們對理想的痛苦探求，與現實發生衝突所引起的失望，和試圖透過不同的人來實現自己理想形象的某些特點的結合。

雖然更換鍾情對象有時可以理解，但是，這種選擇給人帶來的痛苦也顯而易見。因此，人們應該盡可能在較成熟的階梯上做單一選擇。那種小小年紀便將自己綁在某位異性身上的做法，顯然並不足取。

在所有人類的智慧之中，關於結婚的知識是最晚開竅的。

## 對這些男人你要提防

婚前若能知道男人的優缺點，對選擇丈夫是至關重要的。人之不同，難以言盡。甲女對乙男，可能是一對美滿夫妻，但對丙男，可能就不那麼契合，對丁男，說不定就三天兩頭吵架，而對戊男則非離婚不可。反之亦然。因此，戀愛結婚，人海蒼茫中為何只會與他結為夫妻，實在有著很大的偶然性，也就是從前人所說的緣分。不說過去的媒妁之言，在今天的自由

## 第九章　弱水三千，取哪一瓢飲

戀愛時代，就該充分運用自由的權利預知未來，以掌握自己的命運。過去有「男怕入錯行，女怕嫁錯郎」之說。為了一生的幸福，如果你的男友是以下幾種男人之一時，便該慎重了。

* **有嚴重戀母情結**：這種男人在心理上可說與母親的臍帶相連還未剪斷，因此長大成人後仍然凡事依賴母親。這種母親也往往會插手兒子的生活，哪怕兒子婚後不住在一起，也會加以遙控，使媳婦不勝其煩。

　　這種男人往往在母親的溺愛下長大，順境時能勇往直前，一旦陷入困境，就立即顯示出缺乏真正獨立意志的弱點，全無耐力，應變斷事能力甚差，以至全然崩潰。

　　在戀愛過程中，在評判事物時，如果你男友時時提到他母親，並以其觀點為標準，那你就得小心了。與這種男人共同生活，你會感到十分窩囊、不滿。

　　此外，這種男人在生活中也會把母親的角色投射到妻子身上。這樣，身為妻子還需對丈夫履行母親的職責。除非女方樂於扮演這種角色，否則會令女方難以忍受。

* **志大才疏**：這種男人自命不凡，好高騖遠，但又沒有實際才幹。喜歡夸夸其談，自我炫耀，有點成績就沾沾自喜，到處吹噓。本質上缺乏穩重氣質，顯得虛浮，使人對他缺乏信任感。女人與他共同生活，日子一久，必定失望，甚至令人厭惡。

＊ **心胸狹窄**：這種男人視女人為自己的所有物，妻子與異性稍有接觸便會暴跳如雷，不尊重妻子的人格，猜疑心甚重。久而久之，令女人難以忍受。

＊ **心理陰暗**：這種男人說話假仁假義，外人看來不覺有多不妥，但實質上為人殘忍不寬容，為達目的，可以使用卑劣手段而不以為恥。把自己的快樂建立在他人的痛苦上。心態失衡者，甚至會強迫妻子去做違背倫理之事。與這種人共同生活，看透他內心的女人會感到生活陰森可怕，危機四伏，心中蒙上陰影，終生無法抹去。

＊ **性格懦弱**：這類男人膽小怕事，無所作為，令人瞧不起，使妻子感到面上無光，在別人面前抬不起頭來。久而久之，妻子會大感不滿，懊悔這段婚姻，漸起異心，難免最後導致家庭破裂。

＊ **酗酒賭博**：一個男人若染上不良嗜好而又屢勸不改，證明此人自制力甚差，缺乏理智，易為他人或環境擺布。這類人對妻子自然缺乏溫存，在做他們喜歡的事時，甚至會全然忘記妻子的存在。這類男人往往還易怒、好勝，愛用強制手段支配他人。性格的不成熟又造成他內心深處有強烈自卑感與不安全感，外表上卻又會大喊大叫，指手劃腳。做這種人的太太，往往不但感受不到愛，而且還會受辱，令人難過。

\* **過分吝嗇**：艱苦奮鬥、勤儉節約是應該，但該用時不用，該花錢時不花，對什麼都死死控制，那就是走向極端，成了過分吝嗇。這種心理是不正常的。男人如在戀愛時如此，那婚後將會更甚，除非你也有同樣的稟性，否則必定會形成矛盾，婚姻的美滿也就無從說起了。

與所愛的人長期相處的前提是，要放棄改變對象的念頭。

# 對這些女人你要小心

擇偶過程中，對這些女人你要小心。

### 孩子氣型

這種女人外表成熟，內心卻極度稚氣，天真快活、無憂無慮，有人愛她時更是得意非凡，卻不是管家的材料。男人娶了她，你就得準備親自操持家務，家中才可能井井有條，因為這種女人的孩子脾性會一直保持到中年以後。當然，如果你娶妻只是想找個溫柔的小女人回來疼愛，那這種女人就挺合適的。

### 情緒化型

這種女人十分情緒化，一會兒滔滔不絕，一會兒沉默寡言；一會兒神采飛揚，一會兒黯然神傷；一會兒對什麼都感興趣，一會又對什麼都興趣索然。感情非常易變，而且來得驟然，叫

人無法捉摸。如果你沒有相當的寬容、男子氣概和振懾力量，就最好別與她結為夫妻。

## 看透一切型

這種女人可能受過波折，自覺已看透世情，心中有很重的滄桑感。菸酒皆嗜，在刺激中反而能鎮定下來。對這種女人，如果沒有足夠的錢財和寬容是娶不得的。

## 女強人型

東方人讚美女性為「小鳥依人」，西洋的說法為「永遠攀附著的葡萄藤」。女強人與這類品性正好相反，明顯趨向男性化、醉心於事業。且有指揮他人（包括男人）的欲望。如果你沒有令她佩服的素養、智慧和能耐，那蜜月期後，你會慢慢發現自己竟成了她的附屬品，而這正是大多數男人難以忍受的感覺。

## 自戀型

自戀型就是自我戀愛、自我讚美，自認為「我最漂亮」。希臘神話中的美少年納西瑟斯就只跟自己談情說愛，最後竟戀上自己的美貌，難以遏止，溺死水中。自戀型女人就有愛戀自己容貌的毛病，而且往往頗為自負，為裝扮容貌外型不惜花費大量錢財，耗去無數時間。昨天去髮廊燙髮，今天去美容院美容，做健身操，明天去試裝，後天則自嘆自憐地照半日鏡子。她最大的願望是引得所有男人向她行注目禮。迷死所有男人是

她做人的目的。有男人奉承，她就飄飄然，眉開眼笑，以滿足自己某種變態的虐待傾向。

這類女人虛榮心強，膽子大，好為所欲為。做了太太後，丈夫疼她，她會自認為應該，還像是自己紆尊降貴似的。在性生活上，她會樂意使丈夫興奮，自己卻會克制不陶醉其中，因為她擔心露出盡歡的表情會有損自己的美。她希望自己在床上也像個法國洋娃娃那樣優雅漂亮，反而因此把那真正屬於女人的樂趣隱去。

此外，這種女人還是醋罐子，她可以向異性大送秋波，丈夫管不得，而丈夫稍有「異動」，比如多看女服務生兩眼，她就會醋性大發。

娶了這種女人為妻，你今生就休想安寧。這恰恰應了 18 世紀法國文學家、歷史學家貝拿爾‧翁特尼爾的一句話：「美人對眼睛來說是極樂，對心靈來說是地獄，對腰包來說是煉獄。」

## 拜金型

這種女人會想方設法拚命花男友的錢。男友在她身上花的錢越多，她就越有征服感，而征服欲也就越大。待男友實在支援不住，就會離他而去，再與別的男人戀愛。這類女人拜金，而金錢卻未必能買到她的愛。她願意做你的太太，十有八九是因為你財大氣粗；等她碰到個比你更財大氣粗的，或你變得財少氣短時，她說不定又要飛向別的枝頭做鳳凰了。

與一個合適的女人結婚是生命的暴風雨中的避風港；與一個不合適的女人結婚則是生命避風港中的暴風雨。

# 力避辦公室戀情

有道是：兔子不吃窩邊草。兔子不吃窩邊草是為了不暴露自己的棲身場所，保護自己。具體到談戀愛，我們所謂的「窩邊草」並非指近親或近鄰（近親不可，近鄰無妨），而是指每天經常見面的同事。

十步之內，必有芳草。雖然上班族生活圈狹窄，容易跟同事日久生情，但從多方面考慮，辦公室戀愛還是應盡量避免。

不是怕被同事取笑，那只是小事而已。打得火熱的戀人，恨不得馬上公開關係，任由人指指點點，將自己的甜蜜分享出去。只是辦公室內有太多利益關係，容易讓愛情滲入雜質。情侶一同工作曾引來很多不便與尷尬，又會因工作上的意見分歧而影響感情，公私不分，徒生枝節。

日夜常見表面上是好事，實則處處被人監視，一舉一動都不自然。有時候，男人不是故意吃其他女同事豆腐，但有時談話聲輕一些，比如讚美女同事的新髮型，本可以是很不錯的人際潤滑劑，但給女朋友看見了，一場酸風醋雨就會來臨。

所以，辦公室戀情常導致工作倫理的扭曲和破壞，一旦有了瓜葛，往往後患無窮。曾聽人說過這樣一句話：「男歡女愛是

辦公室裡不可缺少的『道具』。」

　　你可能對這樣的論調不予苟同，不過，自從有了辦公室，並且將不同性別的男女共聚一室一同工作以來，彼此互相仰慕的辦公室戀情便開始流行。

　　沒人能否認，辦公室的確是容易培養戀情的極佳空間。假如名花無主的她有幸目睹一位瀟灑的男士工作時幹練、自信的模樣，很難不對他產生傾慕；同樣，如果血氣方剛的你看到一位儀態優雅、容貌秀麗的女士走出影印間，恐怕也很難忍住對她心神嚮往。

　　雖然人人皆知辦公室戀情絕對存在，但奇怪的是這類事情的結局大多是只開花不結果，常常最後不歡而散。而且，男女當事人動不動就變成眾矢之的，公司裡的負面批評永遠大於正面肯定。如果兩人都是單身，情況還稍微好些，假如其中一人已婚，那局面就複雜多了！一旦對方家屬鬧起來，說不定就你的風流韻事人盡皆知了。

　　此外，辦公室戀情容易受到質疑，主要是因有違工作倫理。因為，「公平、公正、客觀」很可能會在兩人的私人關係中被質疑。

　　你或許會不以為然地反駁：「自己可以不受私情影響，絕對可以做到公私分明。」不過，到了那時，戀情是否真的會影響工作精神與辦事能力，通常已經變得不重要了。重要的是，周

圍的同事與上司究竟如何看待這件事，因為，他們總是把自己認定的標準當成真正的事實。

一般而言，似乎除了學校外，多數單位都不喜歡內部出現任何形式的男女關係（外企工作的白領尤為注意），老闆不會欣賞那些未將全部精力放在業務上的人。很多公司甚至明文禁止員工談戀愛，任何觸犯禁忌的人都要被調職。某些作風開明的公司，比如美國花旗銀行，則規定在工作位階上不得為直屬關係，萬一真的遇到這種狀況，其中一人必須調到其他部門。

此外，萬一兩人的戀情不幸破裂，關係不好之後，最大的壞處是一旦分手就非常尷尬。與同事談戀愛，分手後仍得被迫見面，是很不人道的一件事。如果有人事後到處說閒話，那更會影響自己的飯碗。

近親戀愛是血緣關係的亂倫，辦公室戀愛是工作關係的亂倫。管理專家指出，辦公室戀情之所以危險，主要是受限於工作場所的政治性和人際關係的結構。辦公室畢竟不比家裡，在強調階層和地位的辦公室裡談戀愛絕對是危險的。人際關係專家歐恩‧愛德華耳提出警告說：「辦公室戀情比辦公室政治更需要高明的技巧、冷靜的頭腦，否則無法保得百年身。」

如果真的如此有幸，男女同事一見鍾情，深深相愛，那麼最好有一方願意做出犧牲，轉職其他公司，以避免辦公室戀情。

由友誼進化到戀愛容易，由戀愛退化到友誼艱難。

第九章　弱水三千，取哪一瓢飲

# 好不好，試了再說

商家為了促銷，常玩些噱頭。比如賣飲料的，提供樣品給人免費試喝，合口味就買；再比如賣電器的，也大多有個「試用期」，試用期內不滿意可退貨。商家此舉可謂大得人心，既利顧客又利己。

對於婚姻，也有不少人贊成並身體力行地「試用」——試婚。

小葉，26 歲，某公司職員，與第三任男友已同居一年。

「男愛女，女愛男，這是愛情，是情感上的事，而婚姻又是非常現實的。如果兩個相愛的人生活不和睦怎麼辦？性格不合又怎麼辦？有情人未必能成眷屬，我們現在一起生活，就是婚姻的序幕、愛情的中轉站、生活的試金石，行就行，不行就拜拜！」小葉顯得頗為瀟灑，「婚姻與戀愛畢竟是兩回事，戀愛是浪漫的，而婚姻是實際的，是由一個人的生活變成兩個人的生活，這不是簡單的拼湊，而是一種生活的實踐和檢驗。尤其對女人來說，婚姻可是一輩子的大事，進去了，發現不合適再想退出就難了。所以，若能試試，兩廂情願，何樂而不為呢？」

如今她的第三任男友是個外企的高管，比她大六歲，兩人十分相愛。對小葉來說，她似乎已找到心目中的白馬王子。「再

過半年，他和我都有一個月的長假，如果那時一切順利、合適的話，我們就正式結婚了。」小葉看來很滿意自己「試婚」的結果。

在試婚一族看來，試婚可以試出雙方是否真正相愛，找出個性的最佳「配置」。美在於和諧，和諧就建立家庭，相反就和平分手。這很像橋牌中的叫牌，是打自然，還是打精確，搭檔之間總要有默契才是。

有人說結婚本身是種契約，即雙方要有責任和約束力，試婚旨在淡化這種契約，使婚姻變得朦朧——「似花還似非花」、「像霧像雨像風」。在「試婚一族」看來，婚姻缺少這個「朦朧」或許就真的朦朧下去，或加入離婚大軍的行列，或弄個婚姻品質不高的結局。於是，他們比較了父輩的「悲劇」之後，開始小心翼翼地畫著自己的婚姻句號。

在香港的一次青年問題研討會上，一位美籍華人說：「試婚一族在美國是很龐大的青年族群，在我們看來是一種正常現象，美國的男女青年很少直接進入教堂，他們大多有試婚行為。」離婚率的上升與婚姻品質不高的現狀，使許多青年在借鑑前輩的婚姻悲劇後，開始視婚姻為「圍城」，望而卻步，於是才「摸石頭過河」。那些疑慮重重的青年男女為了免遭終身大事之不幸，只有來一次「路遙知馬力」，試婚自然也就不足為奇了。

## 第九章　弱水三千，取哪一瓢飲

對於試婚，不少人堅決反對。愛情是神聖的，婚姻是嚴肅的。試婚的目的就是試合則進，不合則散。其實這只是停留在虛化光暈中的期望，現實中操作卻非同一般，分手所造成的心理打擊不亞於正式離婚帶來的痛苦。

一項研究發現，婚前同居者的離婚率要比未同居者高出33％。另一項研究顯示：婚前同居時間越長的夫婦，就越容易想到離婚。而且，研究者指出，同居者婚後生活不會很美滿，而且對婚姻的責任感差。

一位美國心理學家解釋說：「同居常被美化為異常大膽、浪漫的舉動，但實際上不過是逃避責任的託辭。如果兩人捨棄結婚而選擇同居，那麼其中一人或者兩人都會在心裡說，我擔心對你的愛不夠深，難以維持長久，所以在事情不妙的時候，我該有個抽身而出的退路。」

由此可見，試婚並非選擇合適伴侶的有效方法，試婚中的「得」也不會多於「失」。因此，年輕人在婚姻面前，還是不要將選擇的「寶」押在試婚上。

幸福的夫妻從來就不指望對方能滿足自己的所有願望。

# 不要只是為了改變現狀而結婚

很多女人以為，結婚是萬能的：工作不如意，結婚啦！經濟環境差，結婚啦！生活無聊，結婚啦！30 歲快到了，結婚啦！

結果當然是自討苦吃，活得比婚前更慘烈。以前是自己顧自己，如今是有理沒理都得將兩個人的問題攬上身。

別以為女性才會為婚姻大事而作繭自縛，很多男人也有同樣的盲點，以為結婚就能解決一切問題：想結束游離不定的感情生活，結婚啦！想專心發展事業，結婚啦！想有人做飯洗衣做家務，結婚啦！30 歲該成家立業，結婚啦！

一紙婚書並不會改變一個人的性格，如果婚前花心，婚後感情生活依舊會波濤起伏；一紙婚書並不代表你可安枕無憂地發展事業，背著養妻育兒一輩子的責任，代表你必須放棄單身時代的能屈能伸，可隨意闖蕩四海的條件；一紙婚書並不保證你的老婆是個進得廚房、出得廳堂的「阿信」，相反地，你可能會多了個時時叫你幫忙做家事兼叫外送的「女王」。

單身好還是結婚好不是這邊的討論焦點，總之各有所好各適其式就是了，關鍵是，請尊重婚姻是件神聖的事，一項終身承擔的責任。千萬別遊戲人生，自私地以為結婚就可將自己的問題轉嫁到對方身上。

不要只為了改變現狀而結婚，這樣的結婚不但不會解決現有問題，還會製造更多問題。

只為結婚而戀愛的人，愚笨至極。

## 尷尬的圍城中選擇留守還是突圍

這個世界上恐怕沒有誰是為了仇恨而相愛，為了離婚而結婚的，但是，走入圍城的男男女女總會發出「相愛容易相處難」的感慨。有時，家似乎變成一個沒有硝煙的戰場，夫妻如對壘的兩軍。身處尷尬的圍城當中，你選擇留守還是突圍？

小鳳是一位普通中年女子，她所遇到的問題在社會上相當普遍，聽聽她的故事，我們或許能有更多體會。

小鳳在國營企業上班，丈夫是政府機關的副局長，算是既有權又有錢。最近幾年，丈夫開始改變，經常找藉口很晚才回家，夫妻之間能談的話越來越少。後來，聽朋友說她丈夫在外面有了情人，她自己也曾在百貨商場看到丈夫和別的女人親密的樣子，她質問丈夫，可他一口否認，說她沒事找事，自尋煩惱。以後他們之間的交流更多是在吵鬧中進行，丈夫甚至說：「妳有本事也去外面玩，我不干涉，妳也不用管我。」她真的沒想到同甘共苦近 20 年的夫妻，日子剛剛好過一些就要面對丈夫移情別戀，她不知該怎麼辦。如果離婚，沒有自己的房子可

住，女兒要考大學，怕情緒受影響，再說，明明是他的錯，為什麼自己要承擔離婚後的經濟壓力？有 20 年的感情基礎，她還是希望他能回心轉意；但如果不離婚，心理和感情上又不能接受，她說她的恨意日增，兩人見面，不是視而不見，就是冷嘲熱諷，有時她覺得如果丈夫出了意外死掉她都不會傷心。對她來講，婚姻更像是一種生存需要，她無法放棄，忍耐已成為一種習慣。

生活中還有很多像小鳳這樣為了房子、孩子等實際問題，寧可心碎，也不捨得家庭破碎，守著徒有虛名的婚姻，在爭鬥和吵鬧中度日的人。

有些人不願意「只共苦，不同甘」，不服氣離婚後將丈夫這個「成熟的桃子」便宜了別人，便努力降低對丈夫的期望，重新對待自己的生活，等他迷途知返的一天；有些人以其人之道還治其人之身，丈夫怎麼做，她也怎麼做，婚姻似乎給了他們傷害彼此的權利；有些人對前途有信心，堅決不能忍受背叛的感情，重新選擇生活⋯⋯

或許，只有到結束時，人們才會回味與反思，面對婚姻、感情、生活、房子、孩子、金錢等問題，雖然人都有各自的考慮和選擇，但種種不幸並不完全是從生活變得相對富裕後帶來的，更大的原因是人們還沒學會在日子越來越好之後如何心平氣和地面對感情和婚姻。

# 第九章　弱水三千，取哪一瓢飲

　　在生活走向富裕的旅途中，確實有「錢多了，情淡了」的情況，更重要的是，現代婚姻觀念中人們更強調的是感情品質，是兩情相悅，這使愛情和婚姻在開放的、多變的社會中多了變數，增加的未知數和不安定性是以往的階段不能比擬的，「感情基礎」已不只能用時間來衡量，還有更多的精神內容，要不要背負承諾在婚姻這條船上同舟共濟，許多人正面臨選擇。

　　有人曾把婚姻分為四種：可惡的婚姻、可忍的婚姻、可過的婚姻和可意的婚姻。第一種因為其品質低劣讓人忍無可忍，必定是要解散的，而最後一種則是一種理想，我們常用一個詞來形容：神仙眷侶。但這種婚姻就像一見鍾情的愛情，可遇而不可求。我們的婚姻，大多是可忍或可過。它當然不完美，是有缺陷的，讓人心酸而無奈，繼續下去不甘心，想放棄又有太多牽絆。它是我們心頭的一個刺，隱隱地痛著，卻又拔不去。

　　放棄可惡的婚姻能輕易為自己找到足夠的理由，並因此獲得勇氣。但放棄可過、可忍的婚姻，則需要一點破釜沉舟的果斷，當然，還要有些賭徒的冒險精神——誰知道，這是給自己一個機會，還是把自己逼向更危險的懸崖。許多離了數次婚又結了數次婚的人，還是沒有找到他們理想的生活，這樣的局面讓他們沮喪，甚至沒有再試一次的勇氣。

　　據說，現在某些離婚者已不需要什麼理由，如果非得為自己找理由，那或許是：我們在一起沒有感覺了。這是一種非常

曖昧的說法，也許，在我們看來，他們的婚姻至少風平浪靜，可以心平氣和過下去，但當事人卻覺得快窒息了，要逃離出來。據說他們是一群完美主義者，他們在尋找一種理想的婚姻狀態，他們採取的是一種置之死地而後生的做法：先斷掉自己所有的退路，然後去找一條通向幸福的捷徑。

但選擇婚姻就像射箭，無論你感覺自己瞄得有多準，在箭射出之後，能否正中靶心，誰也不敢肯定 —— 如果當時起了一陣微風，或者箭的本身有些小瑕疵，總之，一些不可預知的小意外，常會令結果撲朔迷離。婚姻也充滿意外，我相信大多數男女在互贈婚戒的那一刻，心中必定欣喜不已，以為自己的婚姻一定會幸福美滿。但後來，他可能變心了，她可能失去了如花似玉的容顏，某人失業了，某人性格變惡劣了，這些在結婚前沒有預想過的意外，一樣樣地突顯出來，讓人措手不及。

其實，婚姻是種有缺陷的生活，完美無缺的婚姻只存在戀愛時的遐想中，當然，那些婚姻屢敗者也許還固守著這個殘破的理想。上帝總有些苛刻，或者說公平，他不會把所有幸運和幸福降在一個人身上，有愛情的不一定有金錢，有金錢的不一定有快樂，有快樂的不一定有健康，有健康的不一定有激情。嚮往和追求美滿精緻的婚姻，就像希望花園裡的玫瑰全在同一個清晨怒放，那是跟自己過不去。

破壞婚姻也許不如建設婚姻。許多被大家看好的婚姻因為

當事人的漫不經心、吹毛求疵、急不可耐而可能很快就被破壞；
而那些在眾人眼中粗陋不堪的婚姻，則因兩人用心、細緻、鍥
而不捨地經營，就如一棵纖弱的樹，後來居然能枝繁葉茂，鬱
鬱蔥蔥。可忍或可過的婚姻大抵也是如此，當事人稍一怠慢，
可能很快就會枯萎、凋零，而雙方用一種更積極的心態去修
補、保養、維護，也許奇蹟就會發生。

　　幸福的家庭都是相似的；而不幸的家庭各有各的不幸。

# 第十章

## 一個好漢三個幫，誰是那些幫你的人

## 芝蘭之室 VS 鮑魚之肆

與善人居，如入芝蘭之室，久而不聞其香，即與之化矣。與不善人居，如入鮑魚之肆，久而不聞其臭，亦與之化矣。丹之所藏者赤，漆之所藏者黑。所以君子必慎其所處者焉。

《孔子家語》的這段話，告訴人們環境對人的品行有著重大影響。環境要好，就像芝蘭之室，把自己也薰陶香了；環境不好，就像賣魚乾的店鋪，把自己也薰腥了。正所謂「近朱者赤，近墨者黑」。顏之推在《顏氏家訓·慕賢》中曾闡述過同樣的道理，他說：「人在少年，精神未定，所與款狎，薰漬陶染，言笑舉動，無心於學，潛移暗化，自然傾之；何況操履藝能，較明易習者也。是以與善人居，如入芝蘭之室，久而自芳也；與惡人居，如入鮑魚之市，久而自臭也。墨子悲於染絲，是之謂也。君子必慎交遊。」這裡也闡明了環境對人的重大影響，指出朋友之間的言談舉止，用不著有意互相學習，往往是潛移默化，自然而然地相似起來。所以顏之推告誡家人一定要與品學兼優的人在一起，虛心向他們學習，以加強自己的品德修養，提高自己的學問和技藝。

人們在談到環境對人的影響的問題時，常常會想起「孟母三遷」的故事。據漢朝劉向的《列女傳·母儀》記載：孟母帶著年幼的孟子，起初住在一個公墓附近。孟子見人家哭哭啼啼

埋葬死人，他也學著玩。孟母發現後說：「我的孩子住在這裡不合適！」於是立刻搬家，搬到靠近集市的地方。看見商人自吹自誇賣東西賺錢，孟子又學著玩。孟母發現後說：「我的孩子住在這裡也不合適。」於是又搬家，搬到學堂附近。這時，孟子就開始學習禮節並要求上學讀書。孟母說：「這裡才是我的孩子居住的地方。」於是就在那裡住了下來。漢代人趙歧在《孟母題辭》中也記述過這件事，他說：「此里仁所以為美，孟母所以徙也。」稱讚孟母的做法。孟子就是在母親的教育下，成為戰國時期儒家學派的著名代表人物。

據清代褚人護所著《堅瓠集》記載：「呂文穆微時極貧，比貴盛，喜食雞舌湯，每朝必用。一夕遊花園，遙見牆角一高阜，以為山也，問左右曰：『誰之為？』對曰：『此相公所殺雞毛耳。』呂訝曰：『吾食雞幾何？乃有此？』對曰：『雞一舌耳，相公一湯用幾許舌？食湯凡幾時？』呂默然省悟，遂不復用。」另據《翰府名談》記載：「寇萊公有妾曰倩桃，公因宴會贈歌姬以束綾，倩桃作二詩云：『一曲清歌一束綾，美人猶自意嫌輕。不知織女寒窗下，幾度拋梭織得成。』『風動衣單手屢呵，幽穿軋軋度寒梭，臘天日短不盈尺，何以妖姬一曲歌。』公和云：『將相公名終若何，不堪急景似奔梭，人間萬事何須問，且向樓前聽豔歌。』」以上兩件事說的是呂端喜歡喝雞舌湯，寇準好飲宴、好聲色。呂端見了堆積如山的雞毛尚能反省，自責改過，

而寇準的回答則是「且向樓前聽豔歌」，竟毫無愧悔之意。說明這兩位宋代名相在生活上都不檢點，那麼，像呂端、寇準這樣的賢相名臣，為什麼在生活上會有失檢點呢？這與當時的社會環境有直接關係。宋代實行重文輕武政策，使得文官的政治地位相對提高，文官身處高位，又有厚祿，就使他們得以追求享樂。不僅昏聵的官員利用職權揮霍無度，就是一些比較有作為，甚至很有成就的官員也經常如此。呂端與寇準在政治上都有盛譽，為人稱道，但由於環境的影響，在生活上卻不能自律，不能慎其所處，因而有失檢點。

　　環境對人的影響卻又並非絕對。西晉武帝時的司徒山濤就是一位不為世風所動的人物。當時，社會上賄賂成風，錢可通神，行賄受賂之害日甚一日，請託交行之弊，棄斥於朝，連晉武帝司馬炎也公開賣官鬻爵，「錢入私門」。西元 269 年，山濤被任命為冀州刺史，不久入為侍中，升尚書，領吏部。也就是這時，鬲縣的縣令袁毅為了求官升職，在公卿中廣行賄賂。山濤身為吏部尚書，手握選拔官員的權力，自然被袁毅看中。於是，袁毅私下選了一百斤上等好絲送給山濤，不久，袁毅行跡敗露。那些曾受過袁毅禮物的官僚一一受到追查。輪到山濤時，經過一番調查，不但沒有判罪，反而受到正直朝臣的稱讚，說他為官清廉，世之楷模。山濤拿了袁毅的禮物，為什麼還會得到這樣高的評價呢？山濤鑑於當時賄賂成俗，自己只好「不欲異於時，受而藏於閣上」。換句話說，就是他將袁毅送

來的禮物束之高閣，不動分毫。這樣，當朝廷派人來他家檢查時，只見禮物上竟然是「積年塵埃，印封如初」。山濤在這種送禮成風的環境中，清廉自律，這說明儘管環境對人有重要影響，但對一個品德高尚的人來說，不論環境如何，若能慎其所處，總不會為流俗所動。

今天與古時相比，雖然已大不相同，但一個人要想養成好的品德，學到有用的技藝知識，仍需要謹慎地選擇環境，要慎其所處，要多與品行高尚的人在一起，不與品行惡劣的人在一起。

不需要血緣的根基，也不需要彼此的承諾。「朋友」二字看起來彷彿淡淡的，卻會在你一生中如涓涓細流永不停息，如亙古恆星般不可磨滅。

## 結交卓越之士

《聊齋志異》裡有個河間生的故事，說的是河間生不務正業，交了個狐狸精做朋友。狐狸精天天帶他去吃喝玩樂。一次，他和狐狸精下樓任意取酒客的酒食，唯獨對一個穿紅衣的人避得遠遠的。河間生問狐狸精：「為什麼不去取紅衣人的酒食？」狐狸精說：「這個人很正派，我不敢接近他。」於是，河間生恍然大悟，他想：狐狸精和我交朋友，一定是我走上邪道了，今後必須得正派才是。他才一轉念，狐狸精就跑了。從此他果然走上正路。

## 第十章　一個好漢三個幫，誰是那些幫你的人

　　以上故事生動地說明了選擇正派之人交友的重要性。俗語說：「近朱者赤，近墨者黑」，就是這個意思。朝夕相處，形影不離的好友，必須在思想、言論、行動和各方面相互影響，這種耳濡目染的力量絕不能低估。所以，一個人擇友一定要在「良」字上下功夫。

　　固然，「金無足赤，人無完人」，我們選擇的朋友中，能與你坦誠相處，道義上能互相勉勵，當你有過錯能嚴肅規勸，這種真誠待人的朋友稱之為「摯友」，這種能指出你過錯的朋友又稱為「諍友」，這種能使你對真、善、美的事物更加嚮往，使你變得更高尚，更有智慧的朋友，就是你應當尋求，並使你終生受益的「良友」。與這樣的朋友建立健康而真摯的友誼，往往會成為你前進的動力。

　　一個人結交了卓越人士，便能見賢思齊；反之，若結交齷齪之徒，自己難免同流合污。一如前面所述，人類往往近朱者赤，近墨者黑。

　　當然，這裡所謂的「卓越人士」，並非指家世顯赫、地位超絕的人，而是指有內涵、為世人稱道的人物。「卓越人士」大體上可分為以下兩大類：一是指立身於社會主導地位之人；二是指那些有特殊才華的人，如長袖善舞者、對社會有傑出貢獻的人、才能特殊的人或是知識淵博的學者、才華洋溢的藝術家等。此種傑出絕非憑一個人的喜好界定，而需經由社會的認同方可獲得。

　　與優秀的人交往總會使自己也變得優秀。優秀的品格透過優秀之人的影響而四處擴散。「我本是塊普通的土地，只是我這裡種植了玫瑰」，東方寓言中散發著濃郁芳香的土地這麼說道。

　　如果年輕人受到良好的影響和明智的指導，小心謹慎地運用自己的自由意志，他們就會在社會中尋找那些強於自己的人作為榜樣，努力模仿他們。與優秀的人交往，就會從中吸取養份，使自己得到長足發展；相反，如果與惡人為伴，那麼自己必定遭殃。社會中有些受人愛戴、尊敬和崇拜的人，也有一些被人瞧不起、人們唯恐避之不及的人。與品格高尚的人一起生活，你會感到自己也在其中受到昇華，自己的心靈也被他們照亮。「與豺狼一起生活，」有句西班牙諺語說：「你也將學會嗥叫。」

　　即使和平庸、自私的人交往，也可能有極大危害，可能會讓人感覺生活單調、乏味，形成保守、自私的精神風貌，不利於形成勇敢剛毅、胸襟開闊的品格。你很快就會心胸狹隘，目光短淺，喪失原則，遇事優柔寡斷，安於現狀，不思進取。這種精神狀況對於想有所作為或真正優秀的人來說十分致命。

　　相反的，與那些比自己聰明、優秀和經驗豐富的人交往，我們或多或少會受到感染和鼓舞，增加生活閱歷。我們可以根據他們的生活改進自己的生活狀況，成為他們智慧上的伴侶。我們可以透過他們開闊視野，從他們的經歷中受益，不僅可以從他們的成功中學到經驗，還可從他們的教訓中得到啟發。如果他們比自己強大，我們可以從中得到力量。因此，與那些

聰明而又精力充沛的人交往，總會對品格的形成產生有益的影響 —— 增長自己的才幹，提高分析和解決問題的能力，改進自己的目標，在日常事務中更加敏捷和老練，而且，或許也能對別人更有幫助。

布魯克爵士談到他已去世的朋友菲力浦・西尼時指出：「他的智慧和才華敲擊著他的心靈。他不是用言語或思想，而是用生命的行動，使他自己也使別人變得更優秀、更偉大。」

人人都想結識俊傑：有些人是為了面子，某某是我的哥們，說起來很神氣；有些人是為了利用俊傑的背景與能量，想得到別人某方面的幫助；也有些並不是為了解決某個問題或為某種利益關係，只是為了和對方加深關係，增進了解，以便保持長期關係，可視為間接目的。無論想達到什麼目的，你最好有意識地讓對方明白自己的交際目的不是在利用他，如果對方產生這樣的感覺，他就會產生戒備心理：這人和我打交道有什麼目的呢？那樣就很難跟對方深交。

下面介紹幾招與俊傑搭上線的小技巧。

* **事前了解對方的背景**：這方面的資料要盡力蒐集，多多益善，力求全面而詳盡。比如他的出生地、過去的生活經歷、現在的地位狀況、家庭成員、個人興趣嗜好、性格特點、處世風格、最主要的成就、最有影響力的作品、將來的發展潛力、他的影響力所及範圍，總之，凡是與他有關

的資料，只要能蒐集到的就盡力蒐集。當然，也許你蒐集的某些材料關乎他的隱私，那麼就要特別慎重，不能輕易傳播出去，更不能作為日後「要脅」他的把柄，只能作為你全面了解他的參考資料。

* **請人介紹**：這是較常用的辦法，一般會託那些與俊傑來往密切的人作為中間人引薦，可達事半功倍的效果。因為對方會對你刮目相看，鄭重地對待你。

    找中間人需要注意的是：你要讓中間人盡可能地了解你，並獲得中間人的充分信任和欣賞，這樣他才會積極引薦。對一個不太了解的或不太賞識的人，中間人是不會輕易引薦的。貿然引薦，令俊傑不高興，也等於減少了他自己在對方心目中的「印象分」。

* **主動出擊**：這也是較多結交俊傑心切的追星族通常採用的辦法，就是「冒昧」地寫信給名人、打電話，主動提出結識要求，這種方式也不乏成功案例。

    需要提醒的一點是：當你「冒昧」地寫信給俊傑且又希望名人能回賜佳音時，千萬別忘記告訴對方你的電話、E-mail，也別忘記隨信附上寫好地址、姓名並貼足郵票的信封。

* **出入一流場所**：政界要人、影視明星、歌星、球星、巨富等俊傑經常出入一流場所。這些一流的場所就是結交俊傑的理想之處，只要努力尋找，到處都有。比如高爾夫球

## 第十章　一個好漢三個幫，誰是那些幫你的人

場、高級賓館的健身娛樂場所（游泳池、保齡球館、咖啡廳）、一流的影劇院和音樂廳、高級商場等，甚至高級理髮廳、酒吧都有可能是這類人物出入的地方。

＊　而出入一流的場所，也將需要「一流」的花費。如果你沒有「一流」的經濟基礎，還是別打腫臉充胖子的好。

最後，需要提醒諸位的是：俊傑不是你想結識就能結識的，有時再費心機也是徒勞。因此，不要刻意尋訪，本著自然的態度，隨緣而定，有緣分的話，你會在意想不到的地方與之相識；無緣的話，就是近在咫尺也無法相會。比如你想當場得到作家、歌星、球星、影視明星的親筆簽名並不難，但因此而與之相識恐怕就不大可能。

這裡所說的結交俊傑，不是讓你成為請他們簽個字，或一起照個相的追星族，更不是因為和某明星有那麼點關係，就到處拉大旗當虎皮。每個俊傑都有自己的成長史和發展史，透過對他們這種歷史的了解，去領悟怎麼從普通人走向成功的真諦。此外，結交名流不是去擴大自己吹牛的資本，而是去感悟他們之所以能夠成功的「人格魅力」。

還有一句忠告，對那些不是憑實力，而是憑臉蛋、憑一首歌、一齣戲而被「炒紅」的「明星」，千萬躲他們遠一些，他們不值得你去「結交」。

把友誼歸結為利益的人，便是勾銷了友誼中最寶貴的東西。

# 落難的英雄尤其值得結交

　　將結交朋友的眼光盯在顯赫的俊傑身上，其實還不如多結交幾個落魄英雄。世人皆熱衷錦上添花，而鮮有雪中送炭者。你若能在雪中為落難英雄送一塊炭，遠勝給俊傑添十朵花。

　　有些人能力雖然平庸，然而因時來運轉，也會成為不可一世的人物。人在得意時，一切就看得很平常、很容易，這是因為自負的緣故。如果你的境遇地位與他相差不多，交往當然無所謂得失。但如果你的境遇地位不及他，往來多時，反而會給人趨炎附勢的感覺。即使你極力結交，多方效勞，在對方看來也很平常，彼此的感情不會有多少增長。只有在對方轉入逆境，以前的好友如今翻臉不認人；以前車水馬龍，今則門可羅雀；以前一言九鼎，今則哀告不靈；以前無往不利，今則處處不順，也就是他的繁華夢醒時，他對人的認知也就比較清楚了。

　　識英雄於微時，的確需要一定的眼力。古時一個大商賈的兒子，不繼承父親十倍利的產業，卻經營百千倍利的「識人業務」，終於輔佐一淪落太子登上皇位，而成為一代顯貴。如果你認為對方是個英雄，就應及時結交，且多多交往。或者乘機進以忠告，指示其所有的缺失，勉勵其改過遷善。如果自己有能力，更應給予適當的協助，甚至施予物質上的救濟。而物質上的救濟，不要等他開口，應隨時主動。有時對方急需，又不肯對你明言，或故意表示無此需求時，你如得知情形，更應盡

力幫忙，並且不能有絲毫得意之情，如此一面使他感覺受之有愧，一面又使他有知己之感。寸金之遇，一飯之恩，可以使他終生銘記。日後如有所需，他必奮身圖報。即使你無所需，他一朝否極泰來，也絕不會忘了你這個知己。

俗話說：「在家靠父母，出外靠朋友。」身處異鄉，靠的是朋友的幫助。但平時禮尚往來，相見甚歡，甚至婚喪喜慶、應酬飲宴，幾乎所有的朋友都無不同。而一朝勢弱，門可羅雀，能不落井下石、趁火打劫就不錯了，還敢期望雪中送炭、仗義相助嗎？

「人情冷暖，世態炎涼。」身在異鄉，成敗在己。若自己有能力，多結交些潦倒英雄，使之能為己用，這樣的發展才會無窮。

不過對他人的投資，最忌諱的是講近利，因為這樣就成了一種買賣，說難聽點更是種賄賂。如果對方是講骨氣之人，更會感到不高興，即使勉強接受，但並不以為然。日後就算回報，也得半斤還八兩，沒什麼好處可言。

平時不屑往冷廟上香，到頭來臨時抱佛腳也來不及了。一般人總以為冷廟的菩薩不靈，所以才成為冷廟。其實英雄落難，壯士潦倒，都是常見的事。只要一朝交泰，風雲際會，仍會一飛沖天、一鳴驚人。

從現在起，多注意一下周圍的人，若有值得燒香的冷廟，千萬不要錯過了。

　　相對於「由盛而衰」式的落難英雄，發現還未發跡的英雄就更難了。識英雄於微時，就是要在英雄還沒發跡時賞識他、幫助他。如果在他已成英雄後才去奉承他，那麼他只會因你的趨炎附勢而討厭你。

　　隋朝末年有位名叫楊素的大臣，終日和成群歌妓宴飲享樂，不理國務。一日，一位體貌岸偉的青年求見楊素，但因沒有特殊之處，被楊素打發走了。但站在楊素身後手執紅拂的女子，覺得這個青年人品不凡，於是連夜投奔青年，相助於他，演繹出千百年來膾炙人口的「紅拂夜奔」的故事。後來，這位叫李靖的青年幫助李世民建立唐朝而成就了自己的偉業。

　　這種慧眼識英雄的投資，好比現在人們投資地產一樣。有些人在無人注意的時候，大量收購荒地，然後在附近修公路、建娛樂中心、購物場所等設施，於是，原來的荒地便因附近環境的改變而身價倍增。這種獨具慧眼的投資，比起那種「貴買貴賣」的投資，真有天壤之別。「雪中送炭」絕不同於「錦上添花」，我們只有在困難時幫助人、關心人，才能達到「雪中送炭」的效果，但如果在人得志、發跡後才去關心，就不免有拍馬屁之嫌了。識英雄於微時，難就難在如何在「微時」判別他是不是英雄的料子。

　　冷廟燒高香，慧眼識能人。

# 結交會「修理」你的朋友

　　人的一生受朋友的影響相當大，很多人因朋友而成功，也有很多人因朋友而失敗，甚至因朋友而傾家蕩產，妻離子散。

　　怕因朋友而失敗，那不交朋友總可以吧？

　　恐怕沒那麼容易，因為沒有朋友，寂寞的人生之路很難走，何況你閉緊心扉，還是會有人來用力敲門。當有人來敲你的心扉時，你應或不應？應的話，可能那是個壞朋友，不應的話，又可能失去一個好朋友。

　　因此，你總要面對「交朋友」的這個課題。交到好的朋友，這輩子就算不大富大貴，至少也不會走入歧途。而交到壞朋友，不走入歧途不倒楣也很難。

　　一樣米養百樣人。人有很多類型，在對待朋友的態度上也有很多類型，有每天說好話給你聽的；有看到你不對就「修理」你的；有熱情如火的；冷漠如冰的；只看利害關係的；另有目的的……

　　這麼多類型的朋友，好壞很難分辨，而當你發現他壞時，常常已經來不及了。因此，平時的交往經驗極為重要。

　　不過有種類型的朋友肯定值得結交，那就是會「修理」你的朋友。

　　和只會說好聽話的朋友相比，會修理人的朋友令人討厭，因為他說的都是不中聽的話，你自認得意的事向他說，他偏偏

潑你冷水；你把滿腹理想、計畫對他說，他卻毫不留情指出其中的問題，有時甚至不分青紅皂白就把你做人做事的缺點數落一頓……反正，從他嘴裡很難聽到一句好話，這種人要不讓人討厭也真難。

但如果你錯過這種人，那就太可惜了。基本上，在社會上做過事的人都會盡量不得罪人，因此多半寧可說好話讓人高興，而不說難聽的話讓人討厭，說好話的人不一定都是「壞人」，但如果站在朋友立場，只說好聽的話，就失去做朋友的義務了。明知你有缺點而不說，這算什麼朋友？如果還進而「讚揚」你的缺點，就更別有居心了。這種朋友就算不害你，對你也沒有任何好處，大可不必浪費時間交往。

但實際情形如何呢？很多人碰到光說好話的朋友便樂得不知輕重了。

相比起來，讓你常常下不了臺，對你光說難聽話的朋友就真實得多。這種人絕對無求於你（不挨你罵，不失去你這個朋友就很不錯了），但他的出發點是為你好，這種朋友才是你真正的朋友。

也許你不相信以上所說的，那麼想想父母對待子女。一般父母碰到子女有什麼不對，總是責之罵之，子女有什麼「雄心壯志」，也總是想辦法替他踩踩煞車，不讓他脫軌而去。為的是什麼？是為子女好，怕子女受到傷害，遭到失敗。這是為人父母的天性，只有父母才會這麼做。

朋友的心情也是如此，否則他為何要惹你討厭？說些好聽的話，你說不定還會請他吃飯喝酒呢。

會「修理」你的人可能正是你人生的導師。

一個聰明人從對手那裡得到的東西會比一個傻瓜從朋友那裡得到的更多。當競爭與敵視同你比鄰而居時，謹慎就會茁壯成長。

## 如何把人看得更清

交友不慎，多緣於沒看清「朋友」的真面目。所以，常有被朋友害慘的人氣憤地說：我當時真是瞎了眼了！

看人是門很高深的學問，據說曾國藩從來人的走路方式和表情，就可判定這個人的性情。如果你也有這種功夫，那麼就不會碰上心術不正的「壞人」了，不過那種看人的功夫需要高深的修行，並不是人人都可練就那種火眼金睛。可是我們每天都要和許多不同性情的人共事、交往、合作，對「看人」沒有一點觀念怎麼行？

曾國藩看人準不準，這問題我們暫且不談。不過你千萬別把書上看來的那套面相學搬到現實生活中使用，因為這會使你看錯人，把好人當成壞人，或把壞人看成好人。把好人看成壞人就已經錯了，但把壞人看成好人，那就是錯上加錯！

那麼我們一般人要如何看人呢？

## 用「時間」來看人

　　所謂用「時間」來看人，是指長期觀察，而不在見面之初就對一個人的好壞下結論。因為太快下結論，會因你個人的好惡而發生偏差，影響你們的交往。另外，人為了生存和利益，大部分都會戴著假面具，和你見面時便把面具戴上，這是一種有意識的行為。這些面具有可能只為你而戴，而演的正是你喜歡的角色，如果你據此判斷一個人的好壞，並進而決定和他交往的程度，那就可能吃虧上當。用「時間」來看人，就是在初見面後，不管你和他是「一見如故」還是「話不投機」，都要保留一些空間，而且不摻雜主觀好惡的感情因素，然後冷靜地觀察對方的作為。

　　一般來說，人再怎麼隱藏本性，終究還是要露出真面目的，因為戴面具是有意識的行為，久了自己也會覺得累，於是在不知不覺中會將假面具拿下，就像幕前演員，一到後臺便把面具拿下來那般。面具一拿下來，真性情就出現了。可是他絕對不會想到你在一旁冷靜地觀察他。

　　用「時間」來看人，你的同事、你的夥伴、你的朋友，一個個都會「現出原形」。你不必去揭下他的假面具，他自己會揭下來向你呈現真面目。

　　所謂「路遙知馬力，日久見人心」，用「時間」來看人，

正暗合上述諺語。

一般用「時間」特別容易看出以下幾種人：

* 不誠懇的人。因為他不誠懇，所以會先熱後冷，先密後疏，用「時間」來看，可以看出這種變化。

* 說謊的人。這種人常要不斷用謊話去圓前面所說的謊，而謊言說久了，就會露出首尾不能兼顧的破綻，而「時間」正是檢驗這些謊言的利器。

* 言行不一的人。這種人說的和做的是兩回事，但亮出「時間」法寶，便可發現他的言行不一。

事實上，用「時間」可以看出任何類型的人，包括小人和君子。

至於多長時間才能看出一個人的真性情，這沒有一定標準，完全因情況而異，也就是說，有人可能第三天就被你識破，有人兩三年了卻還「雲深不知處」，讓你摸不清楚。因此在陌生的異鄉與陌生人交往，千萬別一頭熱，寧可後退幾步，給自己一些時間觀察，這是保護自己最起碼的方法。

## 用「打聽」來看人

用「時間」來看人固然有其可靠之處，但有時也會緩不濟急 —— 明明過幾天就要決定和某人合作，可是又不知其為人如何，用「時間」長期觀察，哪來得及啊？

　　碰到這種情形，有人完全憑直覺，認為好就是好，不好就是不好。

　　關於直覺，有些人相當準確，這是一種很妙的心靈現象，很難解釋，不過還是勸你少用「直覺」看人，哪怕你過去的直覺經驗準確——過去的經驗準確並不代表以後每次也都準確。因為人的生理、心理狀況會受到當時環境的影響，有可能你的直覺受到干擾，在這種情況下若還依賴直覺，那是很危險的。

　　比較可靠的辦法是——向各方打聽打聽。

　　人總是要和其他人交往，同時本性也會曝露在不相干的第三者面前。也就是說，他不一定認識這第三者，可是第三者卻知道他的存在，並且觀察過他的思想和行為。人再怎麼戴假面具，在沒有舞臺和對手的時候，這假面具總要拿下來的，所以很多人就看到了他的真面目；而當他和別人交往、合作時，別人也會對他留下各種不同的印象。因此你可向不同的人打聽，打聽他的為人、做事和思想。每個人的答案都會有出入，這是因為各人好惡有所不同的原因。你可把這些打聽來的資訊彙集起來，找出交集最多的地方和次多的地方，就可大概了解這人的真性情，而交集最多的地方，差不多也就是此人性格的主要特色了——如果十個人中有九個說他「壞」，那麼你就要小心了；如果十個人中有九個說他「好」，那麼和他往來應該不會有大問題。

# 第十章　一個好漢三個幫，誰是那些幫你的人

　　不過打聽也要看對象，向他的密友打聽，你得到的當然都是好話；同他的「敵人」打聽，你聽到的當然是壞話居多。最好能多問些與之無利害關係的人，不一定是他的朋友、同事、同學、鄰居，誰都可以問，重要的是，要把問到的情況綜合起來，不可光聽某人的片面之詞。

　　當然，打聽也要有技巧，問得太白，會引起對方的戒心，不會告訴你真話，最好用聊天的方式，並拐彎抹角地問。這種技巧需要磨練。

　　此外，你也可以看看對方交往的都是哪些人。

　　人們常說「物以類聚，人以群分」，意思是什麼樣的人就喜歡和什麼樣的人在一起，因為他們價值觀相近才湊得起來。所以性情耿介的人就和投機取巧的人合不來，喜歡酒色財氣的人也絕對不會跟自律甚嚴的人成為好友。觀察一個人的交友情況，大概就能知道這個人的性情。

　　除了交友情況，也可以打聽他在家裡的情形，看他對待父母如何，對待兄弟姊妹如何，對待鄰人又如何。如果你得到的是負面的答案，那麼這個人你必須小心，因為對待至親都不好，他怎可能對你好呢？若對你好，絕對是另有所圖。

　　如果他已結婚生子，那麼也可看他對待妻子兒女如何，對待妻子兒女若也不好，這種人也必須提防。若你觀察的是女孩子，也可看她對待先生孩子的態度，這些道理都是一樣的。

## 用「投其所好」來看人

看人的竅門很多，也不是人人能懂，但有一則《伊索寓言》裡的故事卻很值得參考。故事是這樣的：

有個王子養了幾隻猴子，他訓練牠們跳舞，並給牠們穿上華麗的衣服，戴上人臉的面具。當牠們跳起舞時，逼真精彩得就像人在跳舞一樣。有一天，王子讓這些猴子跳舞供朝臣觀賞，猴子的精彩演出獲得滿堂掌聲。可是其中有位朝臣故意惡作劇，丟了一把堅果到舞臺上。這些猴子看見堅果，便紛紛揭掉面具搶食堅果，結果一場精彩的猴舞就在朝臣的嘲笑中結束。

這則寓言說明了猴子的本性並不因為學習舞蹈和戴上面具而改變，猴子就是猴子，看到堅果就原形畢露。

如果把人比成這故事中的猴子，人不是也戴著假面具在人生的舞臺上表演嗎？因此小人戴上面具，會讓你誤以為是君子；惡人戴上面具，會讓你誤以為是善人；好色之徒戴上面具，會讓你誤以為是柳下惠。真是令人防不勝防！

我們為人處世，雖然要求不害人，但防人之心卻不能沒有，因此識破假面具的功夫也就不能不修煉一些。我們不妨用前述寓言的原理來看人，那就是 —— 投其所好！

猴子不改其好吃堅果的本性，因此看到堅果，就忘了自己正在跳舞娛人。人的表現雖然不像猴子那麼直接，但不管他怎麼偽裝，碰到心儀的東西，總會無意識地顯現出真面目。因此

好色的人平時道貌岸然，但一看到漂亮的女性就會兩眼色迷迷，言行失態；好賭的人平時循規蹈矩，但一上牌桌就廢寢忘食，欲罷不能。不是他們不知道顯露這種本性不好，而是一看到所好之事或所好之物就忍不住掀掉假面具 —— 就像那群猴子一樣。

在實際運用上，你可以主動「投其所好」，倒不是先了解其「所好」再「投之」（因為若先了解其「所好」，就不用費心了），而是在刻意安排的情境中了解其所好。譬如說，如果你想了解某個人的好惡，可主動安排，若某人真有某方面的喜好，假面具至少要掀掉一半，甚至忘形到忘了自己是誰，赤裸裸地露出真面目。而你便可從其表現來推斷其他方面的性格，作為與他來往的參考。有些商人就是用這種方法來掌握客戶。

如果你沒有能力安排各種情境，那麼也可以利用各種機會乘便觀察其所好。這種觀察比刻意安排更為深刻有效，因為你觀察的對象沒有防備，真面目會顯現得更徹底。

用「投其所好」來看人雖不一定能看出他是君子或小人，卻可看出人品，而人品會影響他的行事、判斷和價值觀，甚至影響他為善或為惡的抉擇。無論是交朋友、找合作夥伴或共事，這都是一項重要的參考。

畫虎畫皮難畫骨，知人知面難知心。

# 畏友、密友、暱友與賊友

　　明代文學家蘇浚在其《雞鳴偶記》中對朋友的類型作了生動的勾勒 —— 道義相砥，過失相規，畏友也；緩急可共，生死可託，密友也；甘言如飴，遊戲征逐，暱友也；利則相攘，患則相傾，賊友也。

　　蘇浚所言的大意是：在道義上互相砥礪，有了過失互相規勸，這是畏友；不論在平時還是在情況危急時，都可以相處得好，生死關頭也可互為依靠，這是密友；甜言蜜語像糖一樣可口，東遊西逛，形影不離，這是暱友；見利互相爭奪，遇到禍患互相傾軋，這是賊友。

　　一個人交什麼朋友，這的確是件大事。蘇浚在這裡把朋友分為四種類型：畏友、密友、暱友、賊友。在這幾種朋友中最好的是畏友，拿蘇浚的話說，畏友就是在道義上能相互砥礪，在過失上能互相規勸的令人敬畏的朋友。其次是密友，再次是暱友，最後是賊友。後面這三種是不值得提倡和效法的。密友容易喪失原則，暱友毫無意義，賊友見利忘義，互相傾軋，所以古代賢者都特別珍視「道義相砥，過失相規」的「畏友」情誼。

　　宋代嶺南大學者何坦在《西疇常言》一書中說：「交朋友必擇勝己者，講貫切磋，益也。」意思是說，要與比自己強的人交朋友，以便向他學習，同他切磋學問，增長知識和才幹，從而做到「道義相砥，過失相規」。陸游在〈跋王深甫先生書簡

二〉一文中也曾說道：「此書朝夕觀之，使人若居於嚴師畏友之間，不敢萌發一毫不善意。」陸游把畏友與嚴師並列，可見畏友的作用有多大。畏友也可說是「諍友」。所謂「諍友」就是能直言規勸的朋友。「諍友」的作用和「畏友」的作用是一樣的。東漢時期的史學家班固在《白虎通・諫諍》中說：「士有諍友，則身不離於令名。」總之，無論是「畏友」，還是「諍友」，都是品行端莊，勇於直言相勸，令人敬畏的朋友。

　　一個人要結交「畏友」、「諍友」，首先要有雅量。因為這樣的朋友說起話來不拐彎，不粉飾，甚至還會帶點火藥味，聽起來會感到不順耳。所以，要想聽得進「畏友」、「諍友」的批評和意見，確實需要有寬廣的胸襟和聞過則喜的修養。否則小肚雞腸，一聽不同意見臉色就變，那就很難交上對自己的缺點和錯誤勇於直言相規相勸的朋友。其次要正確對待朋友的失言。勇於直言相規的朋友，往往快人快語，一「快」就難以周全，甚至會失誤。況且，朋友的素養不同，看問題的角度方法也有差異，難免有失之偏頗的情況發生。因此面對不妥當的直言規勸，不要求全責備，只要他的話有一點可取之處，就應虛心接受，即使批評得不正確，也應引以為戒。只有這樣，才會真正有益於自己的成長和進步。

　　要想真正地結交「畏友」、「諍友」，還必須疏遠「賊友」。所謂「賊友」就是我們常說的小人。小人是沒有真正的

朋友的。宋代大文學家歐陽修在〈朋黨論〉中對這問題講得十分透徹。他說：「小人無朋，惟君子則有之」。這是因為「小人所好者祿利也，所貪者財貨也。當其同利之時，暫相黨引以為朋者，偽也；及其見利而爭光，或利盡而交流，則相反賊害」。這就是說，如果你交了一個小人為友，你春風得意時，他會奉承你，取悅你，目的是想從你那裡得到某種好處。一旦你陷入逆境，他就會翻臉無情，甚至落井下石，反咬你一口。在小人眼裡，既無道義，又無情分，有的只是一個「利」字。他們把朋友之交僅僅看成一種相互利用的實用關係。與這樣的小人交友，豈不悲哉？所以，結交朋友時，應該保持清醒的頭腦，辨明是非，結交那些真正品行端正，對自己的毛病勇於直言相規的人做朋友。

歷史上，有許多賢人志士都特別注重結交那些「道義相砥，過失相規」的畏友。例如三國時期吳國的呂岱和徐原交情深厚。徐原很有才能和志氣，性格率直，不喜歡繞彎子，講話直截了當。呂岱有了過失，徐原總是不客氣地提出批評。有人看不慣徐原這種率直的態度，便在呂岱面前議論。呂岱說：「這正是我看重徐原的地方啊！」後來，徐原去世，呂岱哭得很傷心，他說：「徐原是我的益友，不幸早死，從今而後，我還能從哪兒聽到自己的過失呢？」再如晉朝的祖士言志不得酬，常用下棋來排解苦悶，成了一個「棋迷」，為此曠廢了不少時間。

他的朋友王處叔規勸他說：「夏禹惜寸陰，足見時間之寶貴。現在天下傾覆，許多舊事都因為沒有記載下來而泯滅了。你小時生長在京都，年長宦游四方，國家大事你都歷歷在目，何不把它記述下來呢？國史可以明確地表達自己對於國事得失的看法，你又何必用下棋來排解苦悶呢？」祖士言採納了王處叔的建議，從此全身心致力於「披閱文史」。又如，韓愈的朋友張籍也是個「畏友」。張籍曾經一再寫信給韓愈，批評他在發表議論時，不能虛心聽取別人的意見以及喜歡賭博等缺點。韓愈在信中說：「當更思而悔之耳」，「敢不承教」。宋朝的寇準與張詠是好友。張詠認為「寇公奇才，惜學術不足」。有一次，兩人分別時，寇準特地問張詠：「你有什麼話要贈我呢？」張詠說：「〈霍光傳〉不可不讀。」寇準當時不明白張詠的意思。回頭翻開〈霍光傳〉，看到上面有「不學無術」之語，這才恍然大悟地說：「這就是張詠對我的規勸啊！」此後寇準便發奮讀書，終於成為一代名相。

　　上述這些事例使我們看到，結交「道義相砥，過失相規」的「畏友」，乃是我國古代先賢交友的優良傳統。結交「畏友」對一個人的品德修養具有十分重要的作用。

　　道義相砥，過失相規，畏友也；緩急可共，生死可托，密友也；甘言如飴，遊戲征逐，暱友也；利則相攘，患則相傾，賊友也。

# 朋友要分三六九等

朋友相交以「誠」，此乃至理，那為何又要分等級？分了等級那不就不誠了嗎？

古時有個地方紳士，朋友無數，三教九流都有，他常向人誇耀，說他朋友之多天下第一。年輕舉人任某也是他的「朋友」之一。任某問他：朋友這麼多，你都同等對待嗎？

他沉思一下說：「當然不可同等對待，要分等級。」他說他交朋友都是誠心的，不會利用朋友，也不會欺騙朋友，但別人來和他交朋友卻不一定都出於誠心。在他的朋友中，人格清高的固然很多，但想從他身上獲取利益，心存惡意的朋友也不少。

「對心存惡意，不夠誠懇的朋友，我總不能也對他推心置腹吧！」這位紳士說：「那只會害了我自己呀！」

所以，在不得罪「朋友」的情況下，他把朋友分了「等級」，計有「刎頸之交級」、「推心置腹級」、「可商大事級」、「酒肉朋友級」、「點頭哈哈級」、「保持距離級」等。

他就根據這些等級來決定和對方來往的密度和自己心窗打開的程度。

「我在外做官時就因為人人都是好友，受到不少傷害，包括物質上的傷害和心靈上的傷害，所以今天才會把朋友分等級。」他說。

把朋友分等級聽起來似乎現實無情，但聽了那位紳士的話，我們也會覺得分等級的確有其必要 —— 那是為了保護自己免受傷害。

　　要把朋友分等級其實不容易，因為人都有主觀好惡，因此有時會把一片赤心的人當成一肚子壞水的人，也會把兇狠的狼看成友善的狗，甚至在旁人點醒時還不能發現自己的錯誤，非得到被「朋友」害了才大夢初醒。所以，要十分客觀地將朋友分等級十分困難，但面對複雜的人性，你非得把朋友分門別類對待不可。心理上有分等級的準備，交朋友就會比較冷靜客觀，可把傷害減到最低。

　　要把朋友分「等級」，對感情豐富的人可能比較難，因為這種人往往在對方尚未把你當朋友時，他早已投入感情。而且把朋友分等級，在他看來會覺得有罪惡感。

　　不過，任何事情都要經過學習，慢慢培養成習慣，等到了一定時候，自然熱情冷卻，不用人提醒，也會把朋友分等級了。

　　分等級，可像前述那位紳士那樣細緻，也可簡單分為「可深交級」和「不可深交級」’。可深交的，你可以和他分享你的一切；不可深交的，維持基本的禮貌就可以了。

　　另外，也要根據對方的特性，調整和他們交往的方式。但有一個前提必須記住，不管對方智慧多高或多有錢，一定要是個「好人」方可深交。也就是說，對方和你做朋友的動機必

須純正。不過人常被對方的身分和背景眩惑，結果把壞人當好人，這是很多人無法避免的錯誤。

如果你目前平平淡淡或失意不得志，那麼不必太急於把朋友分等級，因為你這時的朋友不會太多，還能維持感情的朋友應該不會太差。但當你有成就了，手上握有權和錢時，你的朋友就非分等級不可了，因為這時的朋友有很多是另有所圖，不是真心與你交結。

一個真正的朋友就是一份最珍貴的財產，我們很少為了獲得這份財產而操心。

遠離不良的人

有隻蝨子常年住在富人的床上，由於牠吸血的動作緩慢輕柔，富人一直沒發現牠。一天，跳蚤拜訪蝨子。蝨子對跳蚤的性情、來訪目的、是否對己不利，一概不聞不問，只是一味表示歡迎。牠還主動向跳蚤介紹說：「這個富人的血液香甜，床鋪柔軟，今晚你可以飽餐一頓！」說得跳蚤口水直流，巴不得天色快黑。

當富人進入夢鄉時，早已迫不及待的跳蚤立即跳到他身上，狠狠叮了一口。富人從夢中被咬醒，憤怒地令僕人搜查。伶俐的跳蚤跳走了，慢騰騰的蝨子成了不速之客的代罪羔羊。而蝨子到死都不知道引起這場災禍的根源。

因此，在選擇朋友時，你要努力與那些樂觀肯定、富進取

心、品格高尚和有才能的人交往，這樣才能保證擁有良好的生存環境，獲得好的精神食糧以及朋友的真誠幫助。這正是孔子所說的「無友不如己者」的意思。

相反，如果你擇友不慎，恰恰結交那些思想消極、品格低下、行為惡劣的人，你會陷入這種惡劣的環境難以自拔，甚至受到「賊友」的連累，成為無辜受難的「蟲子」。

哪些是你應該遠離的人呢？

＊ **志不同道不合的人**：真正的朋友，需有共同的理想和抱負、共同的奮鬥目標，這是兩人結交的基礎，如果兩人在這些方面相差極大，志不同道不合，是很難有相同話題的，人的興趣也必然不同，這樣兩人在交往時只能互相容忍，無法互相欣賞，因此容易造成矛盾。

＊ **有悖人情的人**：親情、愛情都是人之常情，如果一個人的行為顯示出他在人之常情中處事態度十分惡劣，那麼這種人是不能交往的。這種人往往極端自私，為達目的不擇手段，並慣於過河拆橋、落井下石，因此，對這種人要保持距離。

＊ **勢利小人**：如果某人是非常勢利、見利忘義的那種小人，這種人也不合適作為朋友出現在生活中。

例如有個企業，A 當總經理時，一位高層職員經常到 A 家裡拜訪，對 A 奉承一番，外帶一批上好的禮物；而當 A 下

臺，B當上總經理時，這位高級職員馬上到B家送禮，並數落A的不是，將B捧為最英明的主管。在這種情況下，B聽了群眾的反映後，果斷地將這位高級職員冷落在一旁。勢利小人的通病是：在你得勢時，他錦上添花；當你失勢時，他落井下石。他不懂什麼是真誠，他只知道什麼是權勢。因此，這種人不能交往。

* **兩面三刀的人**：有些人慣於表面一套，背後一套，對這樣的人應該小心對待，更別說跟他交朋友了。

《紅樓夢》裡的王熙鳳，被人稱為「明裡一盆火，暗裡一把刀」，表面上對尤二姐客套親切，背地裡卻置之於死地，與這樣的人交往時，應多注意他周圍的人對他的反映，與這樣的人在短期交往中很難發現這種性格特徵，但接觸時間長了就會清楚明白了。

這種兩面派是千萬不能結交為朋友的，不然他會令你大吃苦頭。

* **酒肉朋友**：有酒有肉多朋友，急難何曾見一人。古人最不屑這種建立在吃喝之上的朋友關係，而許多現代人卻恰恰以此為榮。

酒宴只是交友的一種途徑，交友的途徑很多，街中偶遇可以結交一個摯友，鄰座而識也能成就友誼，甚至仇人相鬥也能不打不相識而打出友誼。舉酒相敬只是華人最傳統的

一種交友方式，關鍵還是在吃喝的過程中相互了解，只有在此過程中充分展現自我，坦誠相待，給人真實、誠懇、有才華的印象，才能三杯兩盞淡酒後聊出情義。如果只是一味以酒相邀，以為讓對方吃飽喝足方顯我誠心誠意，或者喝得我倒在你面前才表我心誠意切，那麼沒有多少人會真正以你為友，最多只在三日不見肉味時才會想起你。

酒肉可以幫助我們結識朋友，但僅靠酒肉維繫的肯定不是真朋友。

真正的朋友在困難的境況中才會顯現出來。

# 第十一章

## 喜怒哀樂，好心情緣自選擇

# 快樂與不快樂的閥門是我們自己

　　美國著名教育家巴士卡利亞說：「成功的實例太多，不由得我們不相信，人人都有自由改變自己、改變信仰以及我們的目的與目標。我們可以選擇愛或恨，快樂或絕望，自由或受壓迫，原諒或痛恨。自由包括為選擇負責。長期而言，我們為自己的一生，以及如何度過此生負責。」快樂與不快樂，並非取決於我們經歷的事情，而在於我們選擇什麼樣的態度對待它們。所以，快樂與不快樂的閥門是我們自己。

　　選擇快樂的權力在我們自己，然而，我們卻很少願意承擔自己不快樂的責任。

　　追求十全十美是不快樂的原因之一。不少人幻想十全十美，甚至有些人覺得這至少是個優點。在戀愛婚姻方面，我們幻想沒有衝突的男女關係，花費一大堆時間去比較實際擁有的與夢想中的戀情間有多少差距，並悲嘆欠缺的部分。

　　一位男子為了追尋完美的戀人，不惜拋妻棄子，還以為這是自己尋找幸福的權力。自下定決心後，他吹噓至少已擄獲 17 位女人的芳心，不過仍未找到夢中情人。巴士卡利亞評價說：「在我看來，在他和他自己結婚以前，永遠也找不到滿足。」

　　如果我們能夠接受世上沒有完美的愛，而只有人性的愛這件事實，或許就不會感到如此挫折，從而有精力用來享受與提

升我們所擁有的愛。另一方面，許多人會按照十全十美的幻想來苛求自己，必須使自己完美無瑕。當這種觀念走到極端，有人可能因為一鍋肉燒焦了就想自殺，也有人會為花園發狂，只因為他決心把鄰居的草坪都比下去。這些人把一點小錯或一丁點不完美看成他們小心耕耘的形象上永遠無法磨滅的污點。如果這種人一旦打消令人神經過敏的十全十美的需求，就可以擺脫自己強加給生命的聖人壓力，從錯誤中學習，而不會被錯誤摧毀。

面對問題時，固守一種解決方法而不會創造性地解決是不快樂的第二個原因。例如，王先生向女友李小姐保證，3點整一定打電話給她。到了2點鐘，李小姐已經準備接電話；3點時，她開始焦慮不安；3點半時，她感到十分沮喪；到了4點，她憤怒難當；5點時，她氣哭了；6點時，她準備殺人或自殺。苦惱盤踞了李小姐的思緒，想像力也脫韁而去。

事實上，李小姐還有很多選擇：她可以撥電話給王先生，也可以找女性朋友去看電影，還可以寫首詩或寫封信來抒發內心的鬱悶……

解決困境的辦法不只一種，改變生命的方向賭注並不大。健康的人面對衝突時始終會高興選擇權在自己這邊，也最懂得創造性的變通藝術。

嘗試改變無法改變的事是不快樂的原因之一。聰明的說法

是，我們唯一可以改變的是自己，我們可以自由地改變自己對世界的觀感、應變的方式、待人之道、信仰與作為。但如果我們一旦想要改變他人，挫折和失望就來了。

例如，我們想讓他人改變看法，接納自己，讚美自己，於是竭力在別人面前表現自己，甚至透過給人禮物、好處、方便來顯示自己的慷慨大方。當這樣努力時，我們恰恰忘記了他人與我們的需求相同 —— 被人接納，得到讚美。我們表現得越賣力，就越搶走別人的機會。結果便是事與願違，不但沒得到自己想得到的，反而弄僵了關係，鬧出了矛盾，自己還對一番艱苦努力未得好報而憤憤不平。

其實，細心觀察他人，發現他人的優點與長處，給予真心誠意的讚美，才是被人接納唯一有效的途徑。利他才能利己，放棄自己才能找到自己。如果真想改變別人，最好的辦法是擺出一桌豐盛的選擇，邀請他們來分享我們的提議，容許他們保有接受或拒絕的特權，不要遽下評斷，否則，就只能是一場悲劇。不快樂是我們自己造成的，是我們的選擇，並且是我們自己親自允許它成為我們的結局。

選擇快樂的最大挑戰是身處挫折和困境中時仍然選擇快樂，因為這時才能真正看出一個人選擇快樂的勇氣和智慧。

巴士卡利亞的母親已經 82 歲，仍然擁有積極選擇快樂的特質。任何事情一出差錯，她立刻想辦法補救，從不坐困愁城或

怪罪命運。有時她會邀請朋友來聚餐,有時會計劃一趟遠足,或去海邊走走,她憑藉多種方式提醒自己和家人生命的樂趣,而不去鑽牛角尖。她最天才的地方則是把痛苦的經驗變得美好。

有天晚上,巴士卡利亞的父親回來告訴家人,他的生意夥伴捲款潛逃了,他不僅宣告破產,還負債累累。全家人自然為此事發愁,不知如何還債,不知下一餐飯從哪裡來。

然而,第二天晚上,巴士卡利亞的母親竟準備了幾個月來最豐盛的晚餐。父親勃然大怒:「妳瘋了嗎?」母親平靜地回答:「沒有。我只是覺得應該好好慶祝一下。這是我們需要快樂的時候,我們會熬過去的。」

對此,巴士卡利亞在《快樂和生活》中寫道:「我們確實過來了,除了實用的一課,媽媽還給了我們一份美麗的回憶,讓我們受用無窮。全家沒有一個人忘得了那頓晚餐。記下戰勝不幸的時光,在你最需要的時刻會變成毅力的儲存器。要知道快樂的時候總有理由值得慶祝,但是,艱難的時刻或許更值得牢記。」

俄國作家索洛古勒曾用羨慕的口吻對列夫·托爾斯泰說:「您應該是世上最快樂的人,您所愛的一切都有了。」托爾斯泰回答:「不,我並不具有我所愛的一切,只是我所有的一切都是我所愛的。」

人們都渴望「有我所愛」,豈不知,「愛我所有」才是最大的快樂。大哲學家尼采曾說:人生就是一場苦難。的確,

諸如感情破裂、失去親人、疾病纏身、遭遇失業、為溫飽而掙扎……種種苦難遍布我們的生活中。也許正因為人生煩惱太多、痛苦太甚、快樂太少、愉悅難覓，所以人們總以渴望之心祈禱：「願快樂永駐！」

快樂是人生永恆的主題，是人天生就喜愛的東西，生活中如果缺少快樂，就會如同飯菜中沒有了鹽，缺乏最基本的味道。而一個人快樂與否，不在於他擁有什麼。一個真正懂得主宰自己生活的人，絕不會為自己沒有的東西悲傷，反而會為自己已經擁有的東西快活和喜悅。樂觀豁達的人，能把平凡的日子變得富有情趣，能把沉重的生活變得輕鬆活潑……這時候，快樂已經來臨。而悲觀懊喪的人，則總是把煩惱表達在嘴上，總是把苦難寫在臉上，總是把憂愁悶在心上……這樣，快樂必然逃之夭夭。

我們需要承擔一種責任，那就是永遠保持快樂的心態。沒有其他責任比這更為重要 —— 透過保持快樂的心態，我們就為世界帶來了巨大的利益，而這些利益甚至連我們自己都還不知道。

# 我有比別人更美好的地方

　　我們每一個人夢寐以求的快樂必須自己尋找，自己安排，而尋找、安排的基礎是每個人要先學會「欣賞自己」。生命需要充實，更需要學會欣賞自己。平日裡，我們只顧在塵世奔波，一不小心就忘了欣賞自己，待行囊裡裝滿痛苦的傷痕，我們才幡然醒悟：應該欣賞自己。

　　也許你想成為太陽，可你卻只是一顆星辰；也許你想成為大樹，可你卻只是一株小草；也許你想成為大河，可你卻只是一泓山溪……於是，你很自卑。很自卑的你總以為命運在捉弄自己。其實，你不必這樣：欣賞別人的時候，一切都好；審視自己的時候，卻總是很糟。和別人一樣，你也是一道風景，也有陽光，也有空氣，也有寒來暑往，甚至有別人未曾見過的一株春草，甚至有別人未曾聽過的一陣蟲鳴……做不了太陽，就做星辰，讓自己的星座發熱發光；做不了大樹，就做小草，以自己的綠色裝點希望；做不了偉人，就做實在的自我，平凡並不可卑，關鍵是必須演好自己的角色。

　　不必總是欣賞別人，也欣賞一下自己吧，你會發現，天空一樣高遠，大地一樣廣闊，自己有比別人更美好的地方。

　　有個小男孩頭戴球帽，手拿球棒與棒球，全副武裝走到自家後院。

「我是世上最偉大的打擊者。」他自信地說完後，便將球往空中一扔，然後用力揮棒，卻沒打中。他毫不氣餒，繼續將球拾起，又往空中一扔，然後大喊一聲：「我是最厲害的打擊者。」他再次揮棒，可惜仍是落空。他愣了半晌，然後仔仔細細將球棒與棒球檢查一番後，又試了一次，這次他仍告訴自己：「我是最傑出的打擊者。」然而他第三次嘗試還是揮棒落空。「哇！」他突然跳了起來，「我真是一流的投手。」

看了上面這個小故事，你是一笑置之，還是有所感觸呢？故事中的男孩勇於嘗試，能不斷為自己打氣、加油，充滿信心，雖然仍是失敗，但他沒有自暴自棄，沒有任何抱怨，反而能從另一種角度「欣賞自己」。

關於欣賞自己，古人早就有「懂得欣賞自己，才會有生活之樂趣」這一說。而今，社會又流行「若連自己都不欣賞，那你又怎會懂得欣賞別人呢？」這些都說明了懂得欣賞自己的重要。曾經，我們將欣賞的目光太多地投向那些光彩照人的「星」，歌星、球星，像劉德華、喬丹……喜其所喜，憂其所憂，為他們而魂牽夢縈，痴狂而無法自拔。在欣賞中將自己放在那被遺忘的角落，忽略了一道迷人而實在的風景線——自己。

欣賞自己，沒有超凡的聰穎，卻不乏執著和勤奮；欣賞自己，在欽佩別人的時候，始終沒有忘卻自我的座標；欣賞自己，

在挫折面前沒有嘆息和抱怨，只有更加奮然前進的勇氣。欣賞自己，更多的是肯定自己，但絕不是那種自以為是的孤芳自賞，更不是欣賞自己的缺點與錯誤。欣賞自己，是讓自己有信心地走向生活，把一串串美麗的夢想變成神奇的現實，把一個個平淡的日子裝扮得五彩繽紛。

如果一個人連自己都不欣賞，連自己都看不起，那麼，這個人怎麼還能自強、自信、自愛、自省呢？你也許曾埋怨過自己不是名門出身，也許曾苦惱自己命運中的波折，你也許曾嘆惋過自己行程中的坎坷，可是，你有沒有正視過自己？對於一個生活的強者而言，出身只是一種符號，它和成功沒有絲毫瓜葛，你又何必為此斤斤計較？命運又不是池塘裡的水，又豈能無憂無慮、平靜無波？生命的行程中如果沒有頑石的阻擋，又怎能激起美麗的浪花朵朵？

學會欣賞自己，你會發現生活如此美好。欣賞自己吧，你會感受到命運的公正無私；欣賞自己，你會體會前進中的幸福快樂；欣賞自己，你會好好把握自己的人生；欣賞自己，你定會抵達快樂的成功彼岸！

那些為丟雙鞋而苦惱的人，走在街上卻發現沒了雙腿仍然快樂的人後頓悟，其實在漫長的歲月裡，正如煩惱來於自己一樣，快樂也來自於自己。

# 別忘了帶上幽默的乾糧

　　幽默的魅力，彷若空谷幽蘭，你看不到它盛開的樣子，卻能聞到它清新淡雅的香味；幽默的魅力，又如美人垂簾，人不能目睹美人之芳華，卻能聽到美人的聲音，間或環珮叮咚，更引人無限遐思……

　　幽默是一種氣質、一種胸懷、一種智慧、一種人生態度，是人最寶貴的內涵和品質。有幽默感的人是有福的，與有幽默感的人相處也是有福的。一樣的天空，一樣的大地，一樣的人生，幽默的人卻可以使天空更廣闊，大地更遼遠，生命更美好。也許可以這麼說：在一個人的個人修養與個人奮鬥裡，最需要早日獲得的就是幽默感。

　　有幽默感，這句話可以認為是對人極高的讚賞，因為他不僅表示受讚美者的隨和、可親，能為嚴肅凝滯的氣氛帶來活力，更顯示出高度的智慧、自信以及適應環境的能力。在人生的旅途上，你別忘了帶上幽默的乾糧。

　　幽默是上帝對身負生活重擔之人的恩賜，是我們心理成熟的標誌，是給我們帶來快樂的積極向上力量。

　　幽默不一定要引人發笑，但這比笑話更有深度，比微笑更有效果，比大笑更能感染別人。樂觀的精神和開朗的個性是幽默力量的源泉，當我們能夠笑談那些看似嚴重的挫折時，能夠勇於笑

談自己時，我們對於幽默力量的運用就達到最高的程度。下面一些幽默的實例和故事，可以給我們幽默的靈感，幫助我們培養幽默感，學習運用幽默的力量在生活的任何時候都選擇快樂。

＊ **以幽默來擺脫困境**

鋼琴家波奇有一次到美國福克林城演奏，幕布拉開時，他發現劇場大半座位是空的，這當然很令人失望。但他走向臺前的腳燈，對聽眾說：「福克林城一定很有錢，我看到你們每個人都買了兩三個座位的票。」於是這沒坐滿的場子裡充滿了友善的笑聲。

＊ **把幽默當作消氣良藥**

有個國家流傳著這樣一句妙語：「政府就是買下撒哈拉沙漠，5年後也會發生沙的短缺。」美國人喜歡對政府和政治家發洩不滿，因此，這方面的幽默例子很多，如：「我們怎麼可能教孩子學會正直和廉潔呢？我們連國會議員都教不會。」「既然我們生活在一個自由（自由在英語單字中的另一個意義是免費）國家，為什麼要我付的錢卻越來越多？」

＊ **透過笑談自己做到平易近人**

林肯總統喜歡取笑自己，尤其是自己的外表。他曾對人說：「有一次我在林間漫步，遇到一個老婆婆。她看見我就大吃一驚，說從來沒見過長得這麼醜的人。我只得向她解釋，這是身不由己，無可奈何的事。老婆婆說：『不，怎麼會沒

有辦法？』然後她壓低嗓門對我說：『你可以待在家裡不出門。』」又有一次林肯總統因為被人指責為兩面派而提出抗議，他說：「我不可能有兩張臉，這是誰都清楚的事。如果我有兩張臉的話，我就不會以這付難看的相貌來見大家。」

* **以幽默驅散經濟上的憂愁**

劇作家考夫曼 20 歲時就賺到 1 萬美元，當時對他來說這是一筆鉅款。他按照自己的朋友、悲劇演員馬克兄弟的建議去買了股票，這些股票在 1929 年的經濟大蕭條中全成了廢紙。考夫曼很想得開，他說：「馬克兄弟專演悲劇，按他們的話投資能不泡湯嗎？」一位保險公司職員教太太開車，車子衝下山坡，突然煞車失靈。太太驚叫起來：「車子停不下來，我該怎麼辦？」那位職員指點說：「快禱告吧！然後找便宜的東西撞。」

* **用快樂活潑的幽默增進全家的幸福團結**

從笑自己開始，來贏得家人的歡心：有人問：「考姆，你家由誰當家作主？」「珍妮管孩子，孩子指揮我，我負責貓和看門狗。」

* **幽默溫暖人心**

羅欽斯基夫人在她的第一個孩子出生後沒幾天，正在樓上房間坐著，忽然聽到樓下響起歡快奔放的音樂。因為她丈夫是紐約交響樂團的指揮，這是很平常的事，她對丈夫說：

「這張新唱片很好聽！」羅欽斯基哄她下樓，天啊，她看到一樓坐著整個樂團，音樂家們正在歡欣地演奏裡察・華格納為慶賀羅欽斯基長子誕生所作的樂曲 ——《齊格菲》。

* **用幽默表達否定**

有位先生回到家裡時氣喘吁吁，但又非常得意。他上氣不接下氣地說：「我一路上跟在公車後面跑回來，省了5毛錢。」他太太說：「那你怎麼不跟在計程車後跑回來，那樣我們就能省下15塊錢了。」

* **笑歲月帶來的改變**

有個打光棍的朋友向人報怨：「我愈來愈老了。」對方說他看起來仍然年輕。「不，我不年輕了，」他堅說道：「過去別人總是問我：『你為什麼還不結婚？』現在他們卻問：『你當年怎麼會沒結婚。』」

* **對家庭爭吵自我解嘲**

朋友問：「上次你和太太吵架是怎麼收場的？」丈夫答道：「呀，她跪在地上向我爬過來。」朋友驚詫地說：「真的？」丈夫說：「當然呀，她還說：『給我從床底下出來，你這個膿包。』」

* **透過幽默了解自己的缺點**

有位父親經常在假日帶全家出遊，但他開車時脾氣很壞。有一次他病了，由母親帶孩子出門。當母親帶著孩子回來

時，父親問：「怎麼樣，一路上愉快嗎？」「太棒了，爸爸，」最小的女兒叫道，「今天我們一路上連一頭『畜生』也沒遇到。」

* **讓幽默助工作和事業一臂之力**

與他人分享歡笑，了解彼此有共同目標卡普爾身為美國電話電報公司總經理，主持了某次股東會議。會上大家情緒激昂，發出一連串批評、責問使氣氛越來越緊張。其中一位婦女不斷指責公司對慈善事業漠不關心，捐款太少。她挑戰似的發問：「公司去年在慈善事業方面究竟花過多少錢？」當卡普爾說出一個數字後，她雙手捧著額頭說：「噢，少得可憐，我真要暈倒了。」卡普爾不動聲色地說：「是嗎？那樣你我就都能鬆口氣了。」隨著大多數股東的笑聲——包括挑戰者自己，緊張的氣氛一下子緩和下來。卡普爾以幽默的方式表達出：「我們都重視企業的聲譽，我們需要互相關心。」

* **對自身的優點和榮譽一笑置之**

1950 年代，當布勞先生被任命為美國鋼鐵公司董事長時，有人祝賀他獲得這個重要職位。「但無論如何，」布勞說：「匹茲堡海盜隊上週贏的那場球賽更值得慶祝。」布勞輕描淡寫地對待自己的榮升，以他的謙虛謹慎贏得別人的尊敬，改善了自己的形象。

## ＊ 運用幽默恰到好處地處理問題

耶誕節期間，艾利從公司開業務會議回來，只見他的屬下聚在辦公室門旁，正在哼唱韓德爾《彌賽亞》中的〈哈利路亞大合唱〉。他的出現讓每個人都趕忙溜回自己的辦公桌，裝出埋頭工作的樣子。艾利沒有指責任何人，也沒有不滿地皺起眉頭，只是搖著頭說：「糟透了，都是甕聲甕氣的，看來沒有一個音樂家的料子。」這樣一句話並不會惹人捧腹大笑，卻有相當的效果，這比「不要偷懶」的指責更聰明，也更合時宜。同事都以微笑接受艾利含蓄的批評，這也使艾利得到啟發：「如果我喜歡他們，能夠和他們一起歡笑，設身處地為他們著想，那麼，我就能和每個同事建立良好的關係，得到他們的合作。」

在美國一項幽默效用的調查中，被徵詢的 329 家公司經理人員中有 97％認為幽默在商業界有相當重要的作用；60％相信，幽默感能決定一個人事業成功的程度。佛羅里達州經營餐館的一位經理赫斯特把幽默感視為員工必備條件之一，在招聘員工時，他主張「要挑選能自我解嘲的人」，所以，他對每位應徵者都提出：「講一件發生在你身上的有趣故事」，如果應徵者想不出，就改為講個幽默小故事。

以幽默出現的標誌、告示、宣傳標語等能夠引人注目，給人深刻印象：一家瓷磚和地板商店門口寫著：「歡迎顧客踩在我

們身上。」都柏林一家花店寫著：「送幾朵花給你愛的女人 ——但也別忘了你太太」。紐約市政府大廈前寫有：「拿出你的本色，沒人比你更有資格。」在一位婚姻調解人的辦公室門上寫道：「一小時後回來，請不要吵架。」

　　幽默的力量能使人解脫生活中的煩惱和羈絆，使我們更加自由自在、樂天達觀，振奮精神去創造有意義的人生。赫布·特魯說：「上帝也一定贊同人類的幽默感。有些聖經學者認為，一個總是嚴厲冷峻的神是不可能想到創造人的。」

　　真理是這個家族的始祖，他孕育了常識，常識又孕育了機智。機智娶了一位美麗的妻子，名叫快樂，他們的結合又孕育了一個後代，叫做幽默。

## 優雅地享受自己的幸福

　　一個二十出頭的年輕小夥子急急忙忙地走在路上，對路邊的景色與過往行人全然不顧。一個人攔住他問道：「小夥子，你為何行色匆匆啊？」

　　小夥子頭也不回，飛快地向前跑著，只留下一句：「別攔我，我在追求幸福。」

　　轉眼 20 年過去了，小夥子已變成中年人，他仍在路上疾奔。

　　又一個人攔住他：「喂，夥計，你在忙什麼呀？」

「別攔我,我在追求幸福。」

又是 20 年過去,這個中年人已成了一個面色憔悴、老眼昏花的老頭,他還在路上掙扎向前。

一個人攔住他:「老頭子,還在追找你的幸福嗎?」

「是啊!」老頭回答問話時,回頭看了那人一眼,猛地一驚,一行眼淚流了下來。原來問他問題的那人,就是幸福之神。他找了一輩子,可幸福之神其實上就在他身邊。

人在自己的軌道上運行,有得亦有失,每一份收穫都必須有所付出,這種付出與得到的交換是否值得,是否給自己帶來幸福,每個獨立的人都有自己獨特的標準。溫莎公爵為了心愛的人而付出江山的代價,但他認為自己是幸福的。古時一位國王非常想請一位人學者出山,當他親白去請這位學者時,學者正在大木桶中洗澡。國王問學者有什麼要求,學者說:「不要擋住我的陽光?」國王怒而離去,雖然學者失去的是權貴,得到的是自由的陽光,他也是幸福的。

一個人無論高低貴賤、貧富美醜,最難能可貴的是明白自己追求的是什麼,付出的是什麼,從而正確地做出自己的選擇,優雅地享受自己的幸福。

從前,有位國王總覺得自己不幸福,就向聖人請教如何能讓自己變得幸福。聖人告訴他,找到一個感覺幸福的人,然後將他的襯衫帶回來。國王聽後派自己的僕人四處尋找自認幸福的人。一眾僕人們見人就問:「你幸福嗎?」回答卻總是:不幸

## 第十一章　喜怒哀樂，好心情緣自選擇

福，我沒錢；不幸福，我沒親人；不幸福，我得不到愛情……就在他們不再抱任何希望時，從對面被陽光照耀的山崗上，傳來悠揚的歌聲，歌聲中充滿快樂。他們隨著歌聲走去，只見一人躺在山坡上，沐浴在金色的暖陽下。

「你覺得幸福嗎？」僕人們問道。

「是的，我覺得很幸福。」那個人答道。

「你的所有願望都能實現，你從不為明天發愁嗎？」

「是的。你看，陽光溫暖極了，風兒和煦極了，我肚子又不餓，口又不渴，天這麼藍，地這麼闊，我躺在這裡，除了你們，沒有人來打擾，我有什麼不幸福的呢？」

「你真是個幸福的人。請將你的襯衫送給我們的國王，國王會重賞你的。」

「襯衫是什麼東西？我從來沒見過。」

何謂幸福？法國小說家方登納在《幸福論》中闡述的定義是：「幸福是人們希望永久不變的一種境界。」也就是說，如果我們的肉體與精神所處的一種境界，能使我們想，「我願一切如此永存」，或浮士德對「瞬間」所說的：「呦！留下吧，你，你是如此美妙。」那麼我們無疑是幸福的。

生活中每個人對幸福的詮釋各有不同。

有這樣一個寓言故事：從前，有兩隻老虎，一隻在籠子裡，一隻在野地裡。籠中的老虎三餐無憂，在外的老虎自由自在。

兩隻老虎經常親切地交談。

籠中的老虎總是羨慕外面老虎的自由，外面的老虎卻羨慕籠中老虎的安逸。一日，一隻老虎對另一隻老虎說：「咱們換一換。」另一隻老虎同意了。

於是，籠中的老虎走進大自然，野地裡的老虎走進籠子。從籠中走出的老虎高高興興，在曠野中拚命奔跑；走進籠中的老虎也十分快樂，牠再不用為食物而發愁。

但不久後，兩隻老虎都死了。一隻是饑餓而死，一隻是憂鬱而死。原來從籠中走出的老虎獲得了自由，卻沒獲得捕食的本領；走進籠中的老虎獲得了安逸，卻沒獲得在狹小空間生活的心境。

這寓言闡述了這樣一個道理：許多時候，人們往往對自己的幸福視若無睹，卻覺得別人的幸福十分耀眼。事實上，別人的幸福也許對自己並不合適，別人的幸福也許正是自己的墳墓。

一位少婦回家向母親傾訴，說婚姻很是糟糕，丈夫既沒有多少錢，也沒有像樣的職業，生活總是周而復始，單調乏味。母親笑著問，你們在一起的時間多嗎？女兒說，太多了。母親說，當年，你父親上戰場，我每日期盼的是他能早日從戰場上凱旋歸來，與他整日廝守，可惜 —— 他在一次戰鬥中犧牲了，再也沒能夠回來，我真羨慕你們能朝夕相處。母親滄桑的老淚一滴滴落下，漸漸地，女兒彷彿明白了什麼。

## 第十一章　喜怒哀樂，好心情緣自選擇

　　我們在追求幸福，幸福也時刻伴隨著我們。只不過很多時候，我們身處幸福的山中，在遠近高低的不同角度看到的總是別人的幸福風景，往往沒有悉心感受自己所擁有的幸福天地。如果人生是一次長途旅行，那麼，只顧盲目尋找終點何在，將要失去多少沿途的風景？其實，幸福是種象徵，是種自我感覺，關鍵是如何把握這種象徵和感覺。

　　人往往喜歡比較，也容易向那些現在比自己處境好的人看齊。人的慣常思路是：「他有什麼，我也應該要有」、「他因為有這些東西，所以比我幸福」，而從來不去計較「他真的幸福嗎？」這個問題。要知道我們不是別人的複製品，我們是個天然而成的自己。即使我們有一天變得高貴變得有錢，我們也還是自己。人最大的悲哀就是順應別人為自己設定的方式度過一生。

　　有錢人物質生活的優越是不爭的事實，但有錢人不一定擁有幸福，更重要的是人家的幸福未必就是自己的幸福。放棄自己的追求，跟隨別人的足跡，就會偏離自己人生的軌道。我們可以追求金錢，但幸福生活的標準並不是由那些富人所定。金錢本身沒有錯，錯的是我們的態度。也許我們終生都不能大富大貴，但這不意味我們在自己平凡普通的生活中找不到幸福，找不到健康的身體、充滿活力的心、相親相愛的家人和志同道合的朋友。

幸福是沒有統一標準答案的。世上沒有完全相同的兩片樹葉，也沒有完全相同的兩個人。每個人對每一件事物、每一天的生活都會有自己獨特的感受。問題在於許多人經常把自己擁有的視為糞土，而把別人手中的東西視為珍寶，得不到的就是好的，心常隨著貪婪的目光而驛動，暈頭轉向地跟著別人跑而隨手丟掉自己所擁有非常珍貴的東西。

恩格斯曾在《自白》中風趣地回答了「你對幸福的理解」這個問題，他說：「飲 1848 年的沙托 —— 瑪律高酒。」這種酒是產在法國波爾多市的著名紅葡萄酒。身為一個偉大的戰士，他的飲酒之樂與對 1848 年間革命風暴的眷戀之情，達到了交融。恩格斯還說：「在春光明媚的清晨，坐在花園裡，嘴裡叼著一支菸，讓太陽曬著脊背，沒有比在這種情況下讀書更幸福的了。」

也許我們達不到偉人所追尋的境界，但我們絕不能給自己制定那些虛無縹緲的終極目標，幸福和快樂其實就在你手頭的每一件小事中。

獲得幸福最多的人是那些心中有愛的人，他們甚至能愛那些在太陽下閃爍、創造出彩虹的小小肥皂泡，他們是最幸福的。

# 貪欲越少，生活越幸福

在柏拉圖《理想國》第十卷中，有一段關於「幸福」的美妙神話，即阿爾美尼人埃爾下入地獄，看見靈魂在死後所受待遇的故事。

一個使者把他們集合起來，對著這些幽靈做如下演說：過路的眾魂，你們將開始一個新的旅程，進入一具肉體中。你們的命運，並不由神明代為選擇，而將由你們自己選擇。我們將用抽籤來決定選擇的次序，第一個輪到的便第一個選擇，但一經選擇，命運即已決定，不可更改……你們要知道美德並沒有什麼一定的主宰，誰尊敬它，它便依附誰，誰輕蔑它，它便逃避誰。各人的選擇由各人自己負責，神明是無辜的。

說完，使者在眾魂面前擲下許多包裹，每包之中藏有一個命運，每個靈魂可在其中拾取他所希冀的一個。散在地下的，有人的條件，有獸的條件，雜然並存，擺在一起。有專制的暴力，有些是終生的，有些突然中途消失，終於窮困，或逃亡，或行乞。也有名人的條件，或以美，或以力，或以祖先的美德。也有女人的命運：蕩婦的命運，名媛的命運……在這些命運中，貧富貴賤、健康疾病都混在一起。輪到第一個有選擇權的人時，他興奮地上前，看著那一堆可觀的暴利。他貪心地拿起帶走了，隨後，當他把那個包裹袋搜羅到底時，發現他的命運注定要殺死自己的孩子，並要犯下其他大罪。於是他連哭帶

怨，指責神明，指責一切，除了他自己，什麼都詛咒。但他已選擇了，他當初原可以看看他的包裹啊！

看看包裹的權力，我們都有的，一切都在包裹裡。

人，饑而欲食，渴而欲飲，寒而欲衣，勞而欲息。幸福與人的基本生存需要是不可分離的。人們在現實中感受或意識到的幸福，通常表現為自身需要的滿足狀態。人的生存和發展的需要得到滿足，便會產生內在的幸福感。幸福感是一種心滿意足的狀態，植根於人的需求對象的土壤裡。

問題是，欲望的滿足能不能成為必然幸福的定律。伊比鳩魯曾經談到，欲望可分為三類：「有些欲望是自然的和必要的，有些是自然的而不必要的，又有些是非自然而又非必要的。」他舉例說，麵包和水屬於第一類，牛奶或乳酪屬於第二類，人們偶爾享受這些東西；第三類就是那些虛妄的權勢欲、貪財欲等，理應捨棄。伊比鳩魯進而認為，只有自然而又必要的欲望，才會與幸福相關聯。也就是說，人的需求越少，越容易獲得滿足。

貪欲越少，生活越幸福——這是一條古老的，然而遠未被所有人認清的真理。你越習慣於奢華的生活，你就越發陷入被奴役的地位：因為你的貪欲越多，你的自由受到的限制就越大。

我們常把貪欲解釋為正常的人性和人生的動力源，因此我們常常受到貪欲帶來的無限苦痛和莫名的煩惱。

除貪欲外，還有傲慢、情欲、懶惰、嫉妒、憤怒和無度，都是生命苦痛的伴侶。

# 學會面對生活中的不幸

德國哲學家叔本華認為：人生中的許多災難和意外，都是我們意志所種下的種子，經過一段時間醞釀而形成的。而決定命運的種子，就是每個人的「決定」。

前面我們已經說過，命運往往掌握在我們自己手裡，因此即使一些微不足道的小決定，也會導致嚴重的後果，而一些小決定累積起來，也會影響大決定的成敗。

從前有個人提著網去打魚，不巧下起大雨，他一賭氣將網撕破。網撕破了還不夠，他又因氣惱而一頭栽進池塘，再也沒有爬上來。

這個故事告訴我們下雨不能打魚，等天晴就是了。不要讓一場雨下進靈魂裡，不要讓一口怨氣久久不蒸發，從而輸掉青春、愛情、可能的輝煌和一伸手就能摘到的幸福。

人們在生活中常常會遇到一些這樣或那樣幸與不幸的遭遇，要接觸各種各樣的機緣，要經歷種種坎坷與風雨，這些都是人在自己人生的航程路線上必不可少的風景。如果一個人天生就生活在一個優越而又無憂無慮的家庭，他的未來早已被他的家人安排、設計好了，而且家人還為他的人生鋪好一條陽光般的道路讓他能夠順利前行。可以說他的人生根本不需要自己操心，不需要自己去闖，更不需要他的翅膀來承擔生活的重

擔。但這樣一個所謂「含著金湯匙」出世的人，他能體會到人生的滋味嗎？他能有人世間真正的幸福嗎？人生真正的幸福莫過於用自己的力量取得成功所換來的喜悅。人生的禍福讓人難以預料，假若有一天，他將獨自面臨這個社會，面對自己的人生，他恐怕無法承載生活給予他的沉重壓力。

生活對每個人都是平等的，不會對誰有任何厚待與眷顧。人生，是在無數的瑣碎中，無數個小小的甜蜜、小小的失落中滑過，迎接未來。

不要幻想生活總是那麼圓滿，也不要幻想生活在四季中享受所有的春天，每個人的一生都注定要跋涉溝坎，品嘗苦澀與無奈，經歷挫折與失意。我們要學會面對生活中的不幸。

生活中的不幸，是人生不可避免的，而這些不幸，早晚都會過去，時間會沖淡痛苦的感覺，「這沒什麼了不起的」，自己在心中重複幾次，絕不能因為不幸的打擊就變得憔悴萬分，而應不再痛苦，振作起來，去做你該做的事。

有一個人，他的性情並不很開朗，但他對待事情幾乎從不見有焦躁緊張的時候，這並不是他好運亨通。細細觀察體會，會發現他有一些與眾不同的反應方式：比如，他被小偷扒走了錢包，發現後嘆息一聲，轉身便會問起遺失的身分證、工作證、月票補辦方法。一次，他去參加電視臺的益智比賽，闖過預賽、初賽，進入複賽，正洋洋得意，不料，卻收到複賽被淘

# 第十一章　喜怒哀樂，好心情緣自選擇

汰的通知書。他發了幾句牢騷，中午，卻興致勃勃地又拜師學起橋牌來。這些反映出他的一種很本能的思維方式，那就是承認事實。事實一旦來臨，不管它與心願有多相悖，但這畢竟是事實。大部分人的心理會在此時被動反抗，但豁達者，他的興奮點會迅速繞過這種無益的心理衝突區，馬上轉到下邊該做什麼的思路上去。事後，也的確會發現，發生的不可再改變，不如做些彌補的事情後立刻轉向，而不讓這些事在情緒的波紋中擴大它的陰影。這堪稱是一種最大的心理力量。

這也恰似哲人所言：「所謂幸福的人，是只記得自己一生中滿足之處的人；而所謂不幸的人，是只記得與此相反內容的人。」每個人的滿足與不滿足，並沒有太多的區別差異，而幸福與不幸福相差的程度，卻會相當巨大。

在漫漫的人生旅途中，失意並不可怕，受挫也無須憂傷。只要心中的信念沒有萎縮，幸福終將如約而至。

幸福是世間最脆弱的東西，因為我們無法預測未來。在快樂的家庭中一個人突遭不測，家庭便籠上暗影；美麗的田園，一陣突來的天災，便成荒蕪。戰爭、疾病，甚至連屋角一片瓦的砸落，都能使短暫的幸福成為泡影。而且就算我們一輩子幸福，又能有幾十年？一輩子都笑，又能笑得了幾千萬次呢？

既然我們每個人的幸福都這樣脆弱，就應珍惜眼前的一切，使我們有限而短暫的幸福，即使不能延長，也能擴展到最大範圍，並有更深的影響。

「天將降大任於斯人也，必先苦其心志，勞其筋骨，餓其體膚。」一個人在艱苦的環境中成長、磨練，在困苦的歲月中掙扎，他汲取生活點點滴滴的經驗，他嘗到人生各種各樣的味道，最終才能換取自己的勝利。當他取得一點成績時，他就會特別珍惜這得之不易的幸福。

上天給予我們生命，剩下的路就要自己去走。沒有不通過艱辛和努力就能換來的幸福，要想擁有成功的喜悅，美好的明天，就只有經歷重重的考驗與磨難，這樣才有資格駕馭自己人生的航程，在人生的天空中飛翔。

要是火柴在你的衣袋裡燒起來，那你應當高興，而且感謝上蒼：多虧你的衣袋不是火藥庫。

## 不要為小事煩惱

我們生活的每一天並不會時時受那些不完美缺憾的困擾，但一定會經常為些繁瑣小事而影響心情。有個人正準備享用一杯香濃的咖啡，餐桌上放滿咖啡壺、咖啡杯和糖，忽然一隻蒼蠅飛進房間，嗡嗡作響直往糖上飛，這個人的好心境頓時打消，他煩躁無比，起身就用各種工具追打蒼蠅，於是片刻間將房間弄得亂七八糟，桌子翻了、壺灑了、杯碎了、咖啡遍地皆是，而最後蒼蠅還是悠悠地從窗口逃走了。

## 第十一章　喜怒哀樂，好心情緣自選擇

　　我們活著的每一天，可能有很多人遇到過類似的情景，讓一點小事而影響原本極為美妙的享受，瞬間快樂無存。然而人生短暫，記住千萬不要浪費時間去為小事煩惱。一個人會覺得煩惱，是因為他有時間煩惱。一個人為小事煩惱，是因為他還沒有大煩惱。

　　世事繁雜，生活中遇到不如意事是常事。從偉人到芸芸眾生，無不皆然。算起來生活中哪天沒有不順心的事？工作不如意、同事間的誤會、錢不夠花等等，把自己陷在這些煩惱中，即使晴天麗日也會覺得天氣不好。

　　1945 年 3 月，一名美國青年羅勃‧摩爾在中南半島附近海下 84 公尺深的潛艇裡，學到一生中最重要的一課。

　　當時摩爾所在的潛艇從雷達上發現一支日軍艦隊朝他們開來，他們發射了幾枚魚雷，但沒有擊中任何一艘艦。這時，日軍發現了他們，一艘布雷艦直朝他們開來。3 分鐘後，天崩地裂，6 枚深水炸彈在四周炸開，把他們直壓到海底 84 公尺深。深水炸彈不斷投下，整整持續了 15 小時。其中，有十幾枚炸彈就在離他們 15 公尺左右處爆炸。倘若再近一點，潛艇就會炸出一個洞來。

　　摩爾和所有士兵一樣奉命靜躺在自己的床上，保持鎮定。當時的摩爾嚇得不知如何呼吸，他不斷對自己說：這下死定了……潛艇內的溫度達到攝氏 40 多度，可是他卻怕得全身發

冷，一陣陣冒虛汗。15 個小時後，攻擊停止了。顯然是那艘布雷艦用光所有炸彈後開走了。

摩爾感覺這 15 個小時好像有 15 年那麼久。他過去的生活一一浮現眼前，那些曾經讓他煩憂過的無聊小事更是記得特別清晰 —— 沒錢買房子，沒錢買汽車，沒錢給妻子買好衣服，還有為了點芝麻小事和妻子吵架，還有為額頭上一個小疤發愁⋯⋯

可是，這些令人發愁的事，在深水炸彈威脅生命時，顯得那麼荒謬、渺小。摩爾對自己發誓，如果他還有機會再看到太陽和星星，他將永遠不再為這些小事憂愁！

這是一個經過大災大難才悟出的人生箴言！英國著名作家迪斯雷利（Benjamin Disraeli）曾精闢地指出：「為小事而生氣的人，生命是短促的。」的確，如果讓微不足道的小事時常吞噬我們的心靈，這種不愉快的感覺會讓人可憐地度過一生。

有個年過 35 歲，擁有兩家業務蒸蒸日上公司的女總經理，她有光滑的臉龐、樸實的穿著、開朗的微笑和溫柔的語調，如果不談公事，她看來頂多像剛入社會的新鮮人。她總是開開心心，不只是大家願意和她相處，做生意時也會覺得和她合作很愉快。所以，她們生意愈做愈好。

有人問她：「如何青春永駐？」

問的人大約只有 20 歲，在她的腦袋裡，35 歲已經很老很老了。

# 第十一章　喜怒哀樂，好心情緣自選擇

這位總經理回答：「我不知道，大概是因為我沒有煩惱吧！從前年輕的時候，常為雞毛蒜皮的事煩惱得不得了，連男朋友對我說：喂！你怎麼長了顆青春痘，我都會煩惱得睡不著覺，心想：他講這句話的意思是不是他不愛我了？直到我大哥去世。

「我大哥從小就是個有為青年，二十多歲就開始創業。他車禍去世前幾天，正為公司少了一筆十萬元的帳煩惱，我大哥一向不愛看帳本，那個月他忽然把會計帳本拿出來瞧。管會計的人是他的合夥人，因為這筆帳去路不明，他開始懷疑兩人多年來的合作是否都有被吃賬的問題。我嫂嫂說：他開始睡不著覺，睡不著就開始喝酒，喝酒後就變得煩躁，越煩躁越喝酒，有天晚上應酬後開車回家，發生了車禍，他就走了……他走了之後，我嫂嫂處理他的後事時發現，他的合夥人只不過把這公司的十萬元挪到那個公司用，不久又挪回來了。沒想到我哥為了這筆錢，煩了那麼久……

「從我大哥身上，我學到這個本領，不要創造煩惱，不要自找麻煩，就以最單純的態度去應付事情本來的樣子。這也許是我不太會長皺紋的原因吧！」

也許我們從這位女經理身上可以感悟到：每個人的周圍一定都有看起來像「煩惱製造機」的人，他們總在為不可能發生的事、不足掛齒的小事、事不關己的事煩惱，在日積月累的煩惱中，他們對別人一個無意的眼神、一句無心的話都有了疑心

病，彷彿在努力防衛病毒入侵，也防衛了快樂的可能。

在美國科羅拉多州一座山的山坡上有棵大樹，歲月不曾使它枯萎，閃電不曾將它擊倒，狂風暴雨不曾將它動搖，但最後卻被一群小甲蟲的持續咬噬給毀了。在現實生活中，我們不會被大石頭絆倒，卻會因小石子摔倒。伏爾泰曾一針見血地指出：「使人疲憊的不是遠方的高山，而是鞋子裡的一粒沙子。」生活中常常困擾你的，不是那些巨大的挑戰，而是一些瑣碎之事。雖然這些事微不足道，卻能無休止地消耗你的精力。其實，反正時間一分一秒在走，難過也是一天，快樂也是一天。你的今天要怎麼過，你就能讓它怎麼過。所以，人生要想得到快樂，就要學會隨時倒出那煩人的「小沙粒」。

當你的心充滿痛苦時，你仍然能夠享受生命中的很多奇蹟 —— 美麗的日落、孩子的微笑、錦簇的花叢和茂盛的樹木。

## 摒棄負面心態

厄運對人的刺激往往比較強烈，並伴隨著生理、心理活動不同程度的捲入，因而會給人深刻的印象，尤其給人帶來陰影的東西，更會使人感到時時被它糾纏。然而，事情如果已經發生，那就應當面對它，尋找解決的辦法；如果已經過去，那就應當丟開它，不要老是把它保留在記憶中，更不要時時盯住它

不放。痛苦的感受猶如泥濘的沼澤地，你越是不能很快從中脫身，它就越可能把你陷住，越陷越深，直至不能自拔。南唐後主李煜被俘後賦詞曰：

「往事只堪哀，對景難排。
秋風庭院蘚侵階。
一任珠簾閑不卷，終日誰來！
金劍已沉埋，壯氣蒿萊。
晚涼天淨月華開。
想得玉樓瑤殿影，空照秦淮。」

像這樣留戀逝去的榮華，死盯住自己的遭遇不放，哪能不被沉重的痛苦情緒壓倒呢？

魯迅筆下的祥林嫂，心愛的兒子被狼叼走後，痛苦得心如刀剜，她逢人就訴說自己兒子的不幸。起初，人們對她還寄予同情。但她一而再、再而三地講，周圍的人開始厭煩，她自己也更加痛苦，以至麻木了。老是向別人反覆講述自己的痛苦，就會使自己久久不能忘記這些痛苦，更長久地受到痛苦的折磨。

當然，我們不是主張完全不去看它，採取逃避的態度。而是說，一方面，情感不要長久停留在痛苦的事情上，另一方面，我們的理智應當多在挫折和坎坷上尋找突破口，力爭克服它，解決它。

比如，做一件很不容易的事失敗了，終日以淚洗面，那當然不好。但是，如果若無其事，心安理得，一點壓力也沒有，這也不是好的態度。失敗的痛苦我們應當很快丟掉，但失敗這件事卻不能忘掉。要透過這件事，看到自己準備得還不夠充分，要繼續努力，爭取從頭再來。

在克服負面心態的過程中，懂得生活的替換律很有必要。一個人牙痛，在院子裡決定不了是不是要去看醫生。他手裡拿著一片塗果醬的麵包，思考時無意識地咬了一口，激怒了停在果醬麵包上的黃蜂，在他的牙齦上重重叮了一口。這人趕緊跑到屋裡，照著鏡子，塗了藥，又敷上冷毛巾。最後黃蜂叮的痛消失了，他發現牙痛也沒了。這是一個醫學上以痛止痛的替換律案例。

著名演說家安斯華爾特就曾用「替換律」作講道題目，借「松樹長出代替荊棘」的例子來說明替換律。你想整理出一塊空地，在把一株尖葉叢生的荊樹拔除後，你不會讓那塊地空蕩蕩的，你會在原地種上一棵好看的松樹，用一物替代另一物。

人生也是如此，我們可以用快樂的事物替代不快樂的事物，就好像打掃出一間空屋，為了不讓惡人占據，最好的辦法是讓好人住進去。替換律同樣可以用在我們的思考上：驅除骯髒的念頭，不僅僅是絕不去想它，而是必須讓新東西替代它，培養新興趣，新思想；排除失望，僅僅接受失望是不夠的，一

個希望失去了，應該用另一個希望來代替；忘記自己憂傷的最有效也是唯一的辦法，是用他人的憂傷來代替，分擔別人的痛苦時，也就忘了自己的痛苦。因此，當我們心情不好時，最好的解決辦法是敞開自己的心扉，打破沉默，去做任何可以為我們帶來快樂的事，在做其他事情的過程中使我們從受挫折的事中解放出來。

　　蘇珊‧麥洛伊突然被告知得了癌症時，在康復機會渺茫的消沉中，決定開始寫一本書來激勵自己與癌症對抗。身為一個動物愛好者，她選擇人與動物作為書的主題。她透過各種方式蒐集有關動物的故事，這些故事在編成書前首先使她從中受到感動，受到激勵，成為她勇抗癌症惡魔的最大力量。後來，她的《動物真情錄》成功出版，成為轟動一時的暢銷書。而她自己在癌症確診 10 年後，仍然身心健康幸福，甚至比開始治療前更好。她感動於動物的真情而著書，著書的過程又使她憑著動物的真情成功地與癌症對抗，戰勝了癌症帶來的死亡威脅以及這一威脅帶來的消沉。

　　多少悲觀主義者因害怕他們所害怕的事情而喪生，為的是想證明自己的害怕是正確的。

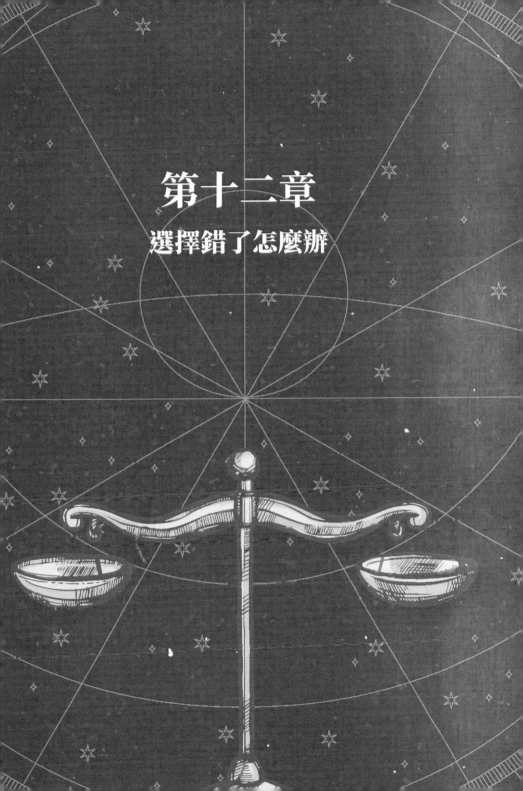

# 第十二章

## 選擇錯了怎麼辦

## 第十二章　選擇錯了怎麼辦

# 生命像條蜿蜒的河流

　　生命的過程就像一條蜿蜒的河流，既有平緩的粼粼波光，也有湍急的彎道，還有膽戰心驚的落差。然而，不管在哪種情況下，它都從不停下前進的腳步，總是向著前方流去，在它歷經的每一處都表現自己最美的獨特身影，在匆匆前行的每一瞬間都蘊含著動人心弦的故事。

　　沒有一條河流是平穩地流入大海，瀑布正是在跌落中才展現出自己的偉大力量。人的一生也是這樣，只要想成功，就難免有失敗與挫折。同時，人也是在與困難和失敗搏鬥的過程中感受到生命的意義。

　　選擇失誤，遭遇失敗並不可怕，可怕的是缺乏承受失敗、擺脫失敗的能力。最近幾年有人提出 AQ（Adversity Quotient，逆境商數）這個概念，就是把這種面對逆境的能力提高到一個新的高度來認識。高 AQ 的人會把失敗和挫折看成一筆寶貴的財富，並從中獲得成功。

　　「失敗是成功之母」，這是一句老掉牙的話，但這句話中包含著真理。如果一個人無法面對失敗、無法正確地應對失敗，我們就無法想像他會獲得成功。

　　奧里森馬登（Orison Marden）說過：「最高貴的紳士，他能以最不可動搖的決心來選擇正義的事業，他能面帶微笑地承受最沉重的壓力，他能以平靜的心態來面對最猛烈的暴風雨，

他能以最無畏的勇氣來對付任何威脅與阻力，他能以最堅忍的個性來捍衛對真理與美德的信仰。」選擇失誤，面臨困境並不可怕，可怕的是喪失打拚的勇氣。生命的價值是在自己不懈的努力中創造出來的，而生命的意義，更要靠自己在忘我的打拚中深刻體驗。從某種意義上講，創造生命價值和追求生命意義涵蓋了我們的一生。而「真正的失敗是不去打拚」這句話就是幫助我們尋求成功、探索人生真諦的金鑰匙。

平和地面對失敗，理解失敗是通向成功的必經之路，當你確定一個目標並為之奮鬥時，你就應當意識到失敗將是你達到目標前要迎接的一個很重要的部分。沒有失敗，你就不可能進步，也不可能實現目標。許多成功者都是在失敗中獲益後才獲得成就的。傑克‧威爾許（Jack Welch）曾經歷過虧損數千萬美元的投資失敗，但他從中學到許多經驗教訓，這成了他一生最寶貴的財富。對於成功者來說，失敗就是有力的成長，失敗是成功的加速器。

有一種玩具，大家小時候一定很喜歡玩，就是「不倒翁」。「不倒翁」最討人喜歡的地方就是無論你怎樣推它，只要一鬆手，它就會馬上彈起來，它是不會真的被人打倒的。日本人把「不倒翁」這種玩具稱為「永遠向上的小法師」。在「不倒翁」那裡沒有失敗，它永遠積極向上。我們之所以喜歡它，就是因為這點。而反過來說，我們之所以知道它「永遠向上」，就是因為它曾被推倒，但又立刻站了起來。

## 第十二章　選擇錯了怎麼辦

　　人生也是如此，如果你不失敗，別人和自己都無法知道你抗拒失敗的能力。在這點上，我們要感謝失敗，是它印證了我們生命的活力。一位知名劇作家曾經這樣說：「對於我們來說，最大的榮幸就是每個人都失敗過。而且每當我們跌倒時都能爬起來。」每個家長都懂得孩子不摔幾跤是學不會走和跑的。每個孩子都是在跌倒和爬起中體會成功的喜悅，我們所有人都是這樣長大的。

　　生命就像條蜿蜒的河流，有浪花的水面才更美麗，有失敗與挫折的人生才是完美的人生。如果生活面臨困境，我們不要坐下來嘆息，因為那樣會錯過最美的風景。無論何時遭遇失敗，我們都要相信，人生隨時可以歸零開始，我們隨時可以開始創造屬於我們自己的成功。

　　失敗是自己的右手打了自己一記響亮的耳光，而我們要學會用左手擦去眼角的淚，撫平臉上的傷。

## 永不放棄選擇的權力

　　人生無法不做選擇，沒有人能免於做錯決定。好比落葉往往成了嫩芽的肥料，失敗往往是成功之母。

　　因為，成功源於正確選擇，正確選擇源於經驗，而經驗則源於錯誤選擇。

愛迪生說：「我不會沮喪，因為每一次錯誤的嘗試都會把我往前更推進一步。」

誠然，人們因選擇錯誤或因害怕選擇錯誤所產生的恐懼、沒把握和懷疑，常常都只是杯弓蛇影，庸人自擾。

選擇有對有錯，如同日月有起有落，亦如五行有生有剋。

易經上說：「吉凶悔吝，生乎動者也。」意指選擇通常只有 1/4 的機率是吉利，卻有 3/4 的機率會失敗或有缺憾。

但這不是要我們放棄選擇，而是要慎謀能斷地選擇。

象有陰陽，形有柔剛，時有趣違，勢有順逆，機有微著，緣有聚散，命有吉凶，運有好壞，往往人力不能勉強。

但至少有個重大選擇是您一定要做的，那就是善用人生所給您的一切。

漢尼拔說：「我們要是不能找出一條路來，便另開一條路。」

千萬別放棄選擇的權力，永遠別失去下注的勇氣。選擇，就有機會。萬一錯了，再來一次，又錯了，換個姿勢，再來。

讓我們來看一個活生生的例子。

1938 年，當本田先生還是個學生時，就變賣了所有家當，全心投入研究製造心目中的汽車活塞環。

他夜以繼日地工作，整日與油污為伍，累了倒頭就睡在工廠裡，一心一意希望早日把產品製造出來，甚至變賣妻子的首飾以繼續這項工作。最後產品終於完成並送到豐田汽車公司，

卻被認為品質不合格而打了回票。

　　為了提升產品品質，本田先生重回學校苦修兩年。這期間經常為了自己的設計而被老師和同學嘲笑，譏諷他不切實際。他無視於這一切痛苦，仍咬緊牙關朝前邁進，終於在被打回票兩年後取得豐田公司的購買合約。

　　後來日本發起第二次世界大戰造成物資吃緊，因而禁賣水泥給本田先生建造工廠。本田先生並不因此受阻，他選擇用新材料建工廠。他召集了一些工人，去撿拾美軍飛機丟棄的汽油桶，稱其為「杜魯門的禮物」，解決了建造本田工廠的材料問題。

　　不久之後，又碰上地震，夷平了整個工廠，這時本田先生把製造活塞環的技術賣給豐田公司以度過難關。

　　第二次世界大戰結束後，日本遭逢嚴重的汽油短缺，本田先生根本無法開車出門採買食物。百般無奈下，他選擇試著把發動機裝在腳踏車上。鄰居看了他裝有發動機的腳踏車，紛紛央求代為安裝，本田先生很快就把手中的發動機都用光。

　　本田先生想：何不開一家專門生產摩托車的工廠？

　　由於欠缺資金，本田先生選擇求助於日本全國 1.8 萬家腳踏車店。他給每一家店用心寫了封言詞懇切的信，告訴他們如何借著他發明的產品，在振興日本經濟上扮演一個角色，結果說服了其中 5,000 家，湊齊了所需的股本。

　　隨後本田先生又選擇將肥大笨重的摩托車改得更輕巧，結果一推出便贏得滿堂彩，因而獲頒「天皇賞」。

　　不久，本田的摩托車選擇外銷歐美，趕上戰後嬰兒潮的高消費期。

　　1970 年代，本田公司選擇開始生產汽車並獲得佳績。

　　今天，本田汽車公司在日本及美國有超過 10 萬名員工，是日本最大的汽車製造公司之一，在美國的銷售量僅次於豐田。

　　可以說，本田先生一連串的選擇成就了日本的本田傳奇。

　　永不放棄選擇的權力，才能到達成功的彼岸。

　　我們要是不能找出一條路來，便另開一條路。

## 勇敢地承擔起自己的責任

　　人非聖賢，孰能無過？誰也不能保證一輩子都能做出完美的決定。所以說，偶爾做出不完美的決定，那也是很正常的。

　　也就是說，做錯決定不是什麼嚴重的事，重要的是，如何面對自己的錯誤決定，用什麼樣的態度去面對自己的人生抉擇，這才是做人的重點。

　　「一切責任在我。」

　　1980 年 4 月，在營救美國駐伊朗大使館人質的作戰計畫失敗後，當時的美國總統吉米・卡特立即在電視裡作了如上聲明。

在此之前，美國人對卡特總統的評價並不高，甚至有人評價他是「誤入白宮的史上最差勁總統」。但僅僅由於上面那句話，支持卡特總統的人居然驟增了 10% 以上。

「把責任往別人身上攤，等於將力量拱手讓人。」你必須學會尋找和承擔起你行動的責任，你應該積極尋找任何一點你能承擔的責任，要勝任並愉快地承擔起那個責任，絕不要透過躲避棘手之事而往上爬。

多年前，我在一家大公司任職。經理是位 40 歲上下的男子，一向表情嚴肅刻板。一次我隨他外出，在飛機上，他向我吐露一件藏在心裡許久的隱私。應該說，那時候，身為我心目中威嚴的上司，他的那番話真正讓我驚詫不已。

「10 年前，我受僱於一家染織公司當業務員，由於我的勤勞能幹，大量欠款源源不斷地收回，公司頹敗的景象頗有改觀。老闆也很賞識我，幾次邀我到他家吃飯。就在這時，他唯一的女兒悄悄愛上了我，經常送我一些精美的小玩意兒。我起初不敢接受，後來礙於情面只得收下。就這樣過了兩年，當有一天我告訴她我不能給她太多時，她一氣之下尋了短見。她的兩個哥哥咆哮不止，揚言要我償命。那時我手上已有不少積蓄，很多人勸我一走了之。但我沒有這樣做，心裡只有一個念頭：事因既然在我，我必須回去面對這一切，是死是活 —— 無關緊要。」

「當我走進他的家門，一群人向我撲來，可她的父親 —— 我的老闆，向其他人擺擺手，走上來緊握著我的手，良久才緩

緩說了這麼一句話：『一個女人為你獻身，證明你是個不同凡響的人。你敢面對這一切，就說明你是個有血有肉的人。』」

說到這裡，他停住了，好一會兒再也無語。但我知道，他已經給了我一個最好的人生哲理：對於你自己造成的恥辱，除了勇敢面對，你別無選擇！

望著他沉鬱又冷峻的臉，我想：他事業的輝煌與騰達，是不是也得益於這一信條呢？

把責任往別人身上攤，等於將力量拱手讓人。

## 與其自責，不如自我反省

一盆水潑出去，就再也收不回來了；一個錯誤犯下，無論你怎樣努力彌補，也再不可能變得正確 —— 。

人做了錯誤的選擇時，除了找出導致錯誤的原因外，我們還可以從錯誤的選擇中學到很多東西，這些東西是包羅萬象的附加品，不一定和經驗有關。或許是人生觀的改變、人際關係的改善，或許是對人性本質、自我優缺點及現實與理想差距的認知等，這些也可以說是錯誤選擇的正面價值，值得我們好好總結。

錯誤中充滿寶藏，問題在於你如何去挖掘、詮釋及應用，每個人的詮釋手法和價值不同，這些寶藏的價值也跟著不同。錯誤中的教訓，是垃圾還是寶藏，一切由你決定。

## 第十二章　選擇錯了怎麼辦

　　我們是人，不是神。面對真真假假、迷離紛亂的人生，我們很難不做選擇。歷史上許多偉大的發現和發明，像哥倫布和愛迪生的成就，也都是由「錯誤經驗」中誕生的。所以，你不能因為犯了一次錯，摔了一次跤，就不敢再往前走，不敢再做任何選擇。

　　孔子說：「過而不改，是謂過矣。」這句話的意思是改不了的錯誤才是真正的錯誤，能夠改正並努力去改正的錯誤應當說是「好錯誤」。

　　春秋時期，魯國公曾問顏回：「我聽到你的老師孔子說，同類的錯誤，你絕不犯第二回。這是真的嗎？」顏回說：「這是我一生都在努力做到的。」魯國公又問：「這是很難的事啊！你是怎麼做到的呢？」顏回說：「要想做到這點並不難。我經常反省自己，看看自己哪些是對的，哪些是錯的；做對的要堅持下去，做錯的要引以為戒。這樣堅持久了，就能做到無二過。」魯國公聽後讚嘆地說：「經常反省，從無二過，這可以說是聖人了。」

　　從不犯錯的人是沒有的，從來不犯過去曾犯過錯誤的人也不多見。暫且不論是不是重複過去曾犯過的錯誤，就算這種經常反省的精神也十分可貴。

　　宋朝文學家蘇軾寫過一篇〈河豚魚說〉，說的是河裡有條豚魚，游到一座橋下，撞到橋柱上。牠不怪自己不小心，也不

打算繞過橋柱游過去，反而生起氣來，惱怒橋柱撞了牠。牠氣得張開兩鰓，脹起肚子，漂浮在水面，很長時間一動不動。後來，一隻老鷹發現了牠，一把將牠抓起，轉眼間，這條河豚就成了老鷹的美餐。

這條河豚，自己不小心撞上橋柱，卻不知反省自己，不去改正自己的錯誤，反而惱怒別人，一錯再錯，結果丟了自己的性命，實在是自尋死路。

反省是一面鏡子，能將我們的錯誤清清楚楚地映照出來，使我們有改正的機會。

## 不要讓心中的那把火熄滅了

對付壓抑昏暗的環境，最好的辦法是讓自己的心亮起來。我們每個人的心中都有一枝蠟燭。當一個人氣餒、失敗，甚至感到有些絕望時，不妨啟動自己，點亮心中的蠟燭。當心燭燃亮時，黑暗就會消失，留下的就會是個令人感嘆的奇蹟。

第二次世界大戰期間，一個多雲黯然的午後。小說家羅伯斯照例來到郊外一座墓地，拜祭一位英年早逝的文友。就在他轉身準備離去時，意外看到文友的墓碑旁有塊新立的墓碑，上面寫著這樣一句話：

全世界的黑暗也不能使一枝小蠟燭失去光輝！

炭火般的語言，立刻溫暖了羅伯斯憂鬱的心，令他既激動又振奮。羅伯斯迅速從衣袋裡掏出鋼筆記下這句話，他以為這句話一定是引用了哪位名家的名言。為了儘早查到這句話的出處，他匆匆趕回公寓，認真逐冊逐頁翻閱書籍。可是，找了很久，也未找到這句名言的來源。

於是，第二天一早他又重回墓地。從墓地管理員那裡得知，長眠於那座墓碑下的是一名年僅 10 歲的少年，在前幾天德軍空襲倫敦時，不幸被炸彈炸死。少年的母親懷著悲痛，為自己的兒子做了一個墓，並立下那塊墓碑。

這感人的故事令羅伯斯久久不能釋懷，一股澎湃的激情促使羅伯斯提筆疾書。很快，一篇感人至深的文章就從他的筆尖流淌出來。

幾天後，文章發表了。故事轉瞬便流傳開來，如希望的火種，鼓舞著人們為勝利而執著前行的腳步。

許多年後，一個偶然的機會下，還在讀大學的布雷克也讀到這篇文章，並從中讀出那句話的深刻含意。布雷克大學畢業後，放棄了幾家企業的高薪聘請，毅然決定隨一個科技普及小組去非洲扶貧。

「到那裡，萬一你覺得天氣炎熱受不了，怎麼辦？非洲那裡鬧傳染病，怎麼辦？」面對親友異口同聲的勸說，布雷克很堅定地回答：如果黑暗籠罩我，我絕不害怕，我會點亮自己的蠟燭！

一週後，布雷克懷著希望去了非洲。在那裡，經過布雷克和同伴的不懈努力，用他們那點點燭光，終於照亮了一片天空，並因此被聯合國授予扶貧大使的稱號。

蠟燭雖纖弱，卻有熠熠的光芒圍繞著它。

其實，綠燈思維就是這樣的蠟燭，用它那點點燭光，照亮我們內心的天空，使我們不懈地努力，去追求遠大的目標。

假如世界變得昏暗，那是因為你自己心中不夠燦爛；假如你覺得孤單，那是因為你關閉了心靈之窗。

下面，讓我們用心閱讀作家朱衣一篇名為〈不要讓心中那把火熄滅了〉的散文——

有一個寒冷的冬天，我到氣溫攝氏零下 30 度的蒙古高原去做採訪。採訪的主題是——這些生活在寒凍大漠中的游牧民族是如何過新年的。

我和攝影師兩個人莽莽撞撞地來到蒙古的首都烏蘭巴托，才知道這個城市居民的生活早已現代化，要找大漠中的遊民還得翻山越嶺，深入蠻荒才行。

現在想起來真不知道自己哪來的勇氣，就這樣找了一輛蘇聯登山吉普車，跟著蒙古嚮導往連路也分不清楚的銀白雪地中出發了。

最後終於在深夜時分，讓我們找著一家紮營在大漠中的人家。蒙古的嚮導讓我們這些喜歡自討苦吃的人留在蒙古包中，

他自己先回鄰近的市鎮住宿，準備明天再來接我們。

我看到蒙古包的四周是床兼座椅，中央是一個火爐，終夜不熄。讓我想起臺灣鄉下，一些舊式房子中的古老爐灶。女主人說：

「新的蒙古包建起來時，第一件事就是要點燃這個爐灶，爐火是一年四季都不能熄的。」

「如果熄了怎麼辦呢？」我很不識趣地問。

「那就要另起爐灶了。不過我們是不會讓火熄掉的。」

我知道她的意思，爐灶的火熄了是不吉利的事情，而且爐火代表著生命的力量，是維持生存的基本條件，也是家庭、愛與溫暖的象徵。因此沒有人願意讓爐火熄掉，也沒有人想另起爐灶。

離開蒙古之後，我一直沒有忘記那片銀白雪地中唯一的爐火，但是在都市中生活的我經常會面臨一個蒙古牧民無法想像的生活狀況 —— 也就是我們經常需要面臨另起爐灶的抉擇，不論是愛情、工作、婚姻、友誼、健康、青春、環境、家庭、退休、死亡等問題都不斷地向我們挑戰，時時要我們做抉擇。

面對這些生命的轉捩點，我們是該保守原先的那一堆生命之火，還是該勇敢地另起爐灶？我想就是我再去一趟蒙古，向我的蒙古朋友們請教，也找不到答案吧？

不過在經歷了許多變化與磨練，在另起爐灶許多次之後，我終於明白，我要保留的是心頭的那把熱情之火，永遠不要讓

它熄滅。這樣即使是在最冰冷徹骨的冬夜，仍然能幫助我熬過寒凍，等待黎明。

有人說：冬天來了，春天還會遠嗎？面臨人生的轉捩點，你會有如履薄冰之感，但是如果你也能勇敢地高舉火炬，你會發現在生命當中，另起爐灶不是不可能，有時甚至是一件會帶給你幸運的事呢！

如果有機會再回蒙古，我會跟當年的那個女主人說：

「謝謝你的忠告，這麼多年來我一直沒有讓心中的那把火熄滅了！」

其實在很多時候，我們在遭遇問題時，不是問題難倒了我們，而是我們心中的那盞燈滅掉了，以致於我們最後迷失了。其實，每個人心中都有那盞燈，不過我們總是有意無意地遺落了它而已。

## 起手無悔大丈夫

一個年輕人離開故鄉，決心開闢一條自己的路。少小離家，雲山蒼蒼，心裡難免有幾分惶恐。他動身後的第一站，是去拜訪本族的族長，請他給予自己一些忠告。

老族長正在臨帖練字，他聽說本族有位後輩開始踏上人生的旅途，就隨手寫了三個字：「不要怕」，然後抬起頭，望著前

來求教的年輕人說：「孩子，人生的忠告只有六個字，今天先告訴你三個，供你半生受用。」

20 年後，這個從前的年輕人已到中年，他有些成就，也添了很多傷心事。歸程漫漫，近鄉情怯，他又去拜訪那位族長。

他到了族長家裡，才知道老人家幾年前已經去世。家人取出一個密封的封套對他說：「這是老先生生前留給你的，他說有一天你會再來。」還鄉的遊子這才想起，20 年前他在這裡聽到人生的一半忠告。拆開封套，裡面赫然又是三個大字：「不要悔。」

起手無悔是所有人生棋盤上的弈者要遵守的一個要則。世事如棋，在人生的棋盤上，起手無悔也折射出一種大丈夫的風範。縱觀歷史上的成功者，無一不具有這種風範。同樣可以說的是，生活中的輸家，形形色色的觀念囚徒，首先輸在對這一人生要義缺乏深刻的體悟上。他們或者事前瞻前顧後，猶猶豫豫，或者事中三心二意，患得患失，事後則捶胸頓足，追悔莫及。其實臨事的優柔寡斷就已注定了事後的追悔莫及。如此說來，起手無悔實在是成功人生的第一課。

做錯選擇時，尤其是做錯一些所謂的大抉擇，的確會讓人扼腕痛惜、難以釋懷。但是，覆水難收，過去的事你是無法再去改變了。

不少人喜歡把過去的爛帳拿出來翻一翻，把昨夜的冷飯端出來炒一炒，不敢面對現實，不敢向前看，那就永遠活在失敗

的陰影中，永遠沒有翻身的機會。

　　或許，有些人不會一天到晚炒冷飯、翻舊帳，只是偶爾想到，就挖出來翻炒一番。其實，這種行為除了是種情緒上的反射外，對我們一點幫助也沒有，還平白浪費我們的腦力和精力，搞不好還會造成高血壓、憂鬱症、精神官能症，甚至精神錯亂，多划不來啊！而且，在繼續往人生旅程邁進時，不往前看，一定很容易碰到阻礙，搞不好還會掉進坑洞裡，這不是很愚蠢嗎？

　　比如說，談戀愛是人生中很美好的一件事，然而有過失戀經驗的人很多，可說幾乎人人都有失戀的經驗。失戀固然很令人傷心，甚至痛苦不堪，但樂觀的人會向前看，天涯何處無芳草？又何必為一棵樹而放棄整個森林？他們不以失敗為苦，反而在失戀的經驗中學到許多東西，有所成長，以一顆開闊的心自然地迎接下一次戀情。但也有不少人無法從過去的經驗中跳脫出來，始終沉溺於過去，完全不把心扉打開，使得新的機會不斷從眼前溜走，而逝去的時光也不可能再回來，最終變成一個很不快樂的人。

　　有人好不容易出來炒冷飯向別人訴說，把本來還算平和的生活搞得烏煙瘴氣。其實，翻舊帳、炒冷飯的人不會因為說了那些話而感到愉快，心裡的不滿只會越積越多，聽的人更是覺得煩躁。

一位美國年輕人看上一位臺灣女孩，便一直追著不放。最後，臺灣女孩辭去令人羨慕的工作，與美國年輕人結了婚，飛到大洋彼岸去了。

　　跨國之戀並沒有結出甜蜜的果實。他的婚姻生活處於磕磕碰碰的尷尬中。「我放棄了那麼好的工作，遠離父母跟你到美國來，這可是我為你做出的犧牲呢。」臺灣女孩說，她以為這樣說能感動美國丈夫。沒想到對方只說：「不，不，我不認為這是什麼犧牲，在我看來，這只是你的一種選擇。」

　　選擇一下就可以了。如果總是抱怨自己的選擇，總是後悔自己的選擇，總是覺得自己的選擇不盡如人意，是被環境所影響，是為他人所左右，這樣就不會有快樂可言。

　　世事如棋，在人生的棋盤上，起手無悔折射出的是一種大丈夫的風範。

## 夢想破滅是希望的開始

　　當一個人夢想破滅時千萬不要灰心，因為有時這只是預示另一個希望正向你招手，聰明的人就會抓住它。

　　19世紀中期，美國西部掀起一股淘金熱潮，大做「淘金夢」的人從世界各地匯聚到此，一個名叫李維‧史蒂文生的德國人，也千里迢迢跑到加州試運氣。

　　但是，李維‧史蒂文生的運氣似乎相當背，儘管拚命淘金，幾個月下來卻沒有任何收穫，使他懊惱地認為自己和黃金無緣，準備離開加州到別地另謀生路。

　　就在他萬分沮喪之際，猛然發現一個現象，那就是所有淘金客的褲子由於長期磨損而破舊不堪，於是，他靈機一動：「並不是非得靠淘金才能發財致富，賣褲子也行啊！」

　　李維立即將剩下的錢買了一批褐色帆布，然後裁製成一條條堅固耐用的褲子，賣給當地的淘金客，這就是世界上的第一批牛仔褲。

　　後來，李維又細心地將牛仔褲的質料、顏色加以改變，締造出風行全世界的「Levi’s牛仔褲」。

　　美國著名漫畫家羅勃‧李普萊年輕時熱衷體育運動，最大的夢想是成為大聯盟職棒明星。可是，當他如願以償躋身大聯盟時，第一次正式出賽就摔斷了右臂，從此與棒球絕緣。

　　對羅勃　李普萊來說，這無疑是人生最殘酷的打擊。然而，他很快就擺脫了失敗的噩夢，轉而學習運動漫畫，彌補自己的缺憾。李普萊抱著不能成為棒球明星，便在報上畫運動漫畫的決心，最後終於成為一流漫畫家，以「信不信由你」專欄風靡全球。

　　後來，李普萊常告訴朋友，自己在第一場比賽就摔斷右臂不是「悲慘的結局」而是「幸運的開端」。

倘若你所選擇的「淘金」之路走到盡頭，夢想破滅了，千萬不要過度失望，更不要沉浮於失敗的迷夢。你應該像羅勃·李普萊一樣，把失敗當作「幸運的開端」，而不是「悲慘的結局」，趕快樹立新目標，打起精神再次上路。如此，你才能在其他領域獲得最後的勝利。

當你在人生旅途上嘗到失敗的苦果，千萬不要就此意志消沉，一蹶不振，應該更加警惕，勉勵自己樂觀豁達。那些讓你跌倒的絆腳石，也可能變成讓你邁向成功的墊腳石，就看你遭遇失敗挫折後如何面對往後的人生。

如果你一味否定自己的抉擇，那麼，你就完全否定了自己存在的意義，這是比做錯決定更悲哀的事。

## 錯過太陽就不要再錯過月亮

人生在世，大抵都會在選擇之後錯過些什麼：人、事、職業、婚姻、機遇等，這些都可能與我們擦肩而過。正因如此，人生才顯得匆匆而又匆匆。人生中有無數選擇，如果你錯過了太陽，請不要再錯過月亮。

每年都有不少學子，因志願填得不妥而與理想的學校、理想的科系失之交臂。最重要的當然是第一志願了，它似乎凝聚了一個人所有的追求與努力。學醫還是學農，學商還是學文，

面對單薄的表格，那枝筆顯得何其沉重。落下去，就是不可悔改的人生。有鑑於此，許多人都把寶押在第一志願上：「非某某校、某某系不上！」到了第二志願的填報，也就浮光掠影了，用敷衍了事來形容也不為過。我在佩服這些學子的萬丈豪情時，也不能不為他們擔心：難道就這樣孤注一擲嗎？

我想起一句話：毛毛蟲想要過河怎麼辦？答案是變成蝴蝶。在過大學升學這條河時，如果你變成一隻蝴蝶當然最好。但是，人生不如意事十有八九，倘若那幾張考卷沒有使你長出飛翔的翅膀，你在第一志願前依然是條沒有羽化的毛毛蟲，那要怎麼過河呢？

我理解莘莘學子的心情，那種十年寒窗只為第一志願而戰的心情。但我更理解一個人失落的苦悶與無奈。假設當初像對待第一志願那樣對待第二志願，那就無疑為多雨的青春提前預備了一把美麗的傘。

我覺得談戀愛也是另一種形式的「填報志願」。不能與最最心儀的新娘結合 —— 因為種種原因，沒能攜手漫步人生之旅 —— 這多麼像你失落的第一志願，但絕不能因此而拒絕愛情。十步之內，必有芳草。這個比喻，無非是想說明這樣一個道理：錯過了太陽，不能再錯過月亮！

正確地選擇第二志願其實也是一種智慧！誰能保證第一志願帶來的就是精彩，而第二志願帶來的必是無奈？生活不止

一次告訴我們，塞翁失馬，焉知非福？更有那「有心栽花花不開，無心插柳柳成蔭」的諺語，一次次推開塵封的心扉。一扇門關閉了，同時，另一扇門也會為你打開。生活，永遠是公平的。

反過來講，第二志願何嘗不是對你的決心、毅力、自信、才能的另一種考驗？真正的騎手，可以馴服任何一匹烈馬。

把志願分成第一、第二、第三……本身就是一種無奈。一個人難道只有在面對那張表格時，才知道自己心中原來只藏著一個志願嗎？若真如此，人生該是多麼索然寡味。我認為，比志願更美、更有人性光輝的，是「追求」這兩個字。與第一志願擦肩而過可以，但沒有追求卻絕不可以。

是的，在人生的征途上，我們常免不了要被第二志願甚至第三志願「錄取」，這大概是另一種意義上的「生米煮成熟飯」。怎麼辦？那就對自己說：開飯吧！

有位朋友，年輕時與一少女相戀多年。那少女活潑、開朗、能歌善舞，是個人見人愛的「黑牡丹」。可是由於陰差陽錯，他們分手了，「黑牡丹」遠嫁他鄉，而那位朋友也早為人夫、為人父。只是那位朋友覺得自己過得極其「不幸」，他覺得妻子這也不順眼，那也不遂心，長相不佳、吃相不佳、坐相不佳、睡相不佳，總之，妻子沒有一樣稱他的心、如他的意，與浪漫的「黑牡丹」簡直不可同日而語。他的妻子經常為此黯然神傷。後來，索性放開他，准他去異鄉看望夢中情人「黑牡

丹」。朋友如遇大赦般地去了，在三天兩夜的火車上，他設計種種重逢的浪漫，於是，他滿懷憧憬地敲開「黑牡丹」的家門。

開門的是個腰圍大於臀圍的黑胖夫人，一見面她就興趣盎然地大談泡酸菜的經驗，因為當時她正在泡酸菜，屋裡洋溢著一片繁忙景象。

這就是令他魂牽夢縈的、朝思暮想的「黑牡丹」！

朋友回到家後，竟突然發覺妻子幾「相」俱佳，妻子也破涕為笑，兩人從此過著美滿幸福的生活。

人生注定要錯過的，那就讓它錯過好了，但我們不能因此而忽視眼前的美麗。否則，錯過了太陽，還會錯過月亮，並一錯再錯下去——那就真是大錯而特錯了。

走了太陽，還有月亮。成功與機遇相隨，而機遇卻是一個美麗但性情古怪的天使，當它降臨時，你稍有不慎，它就會棄你而去，使你與成功無緣。

上帝對給你關上一道門，就會為你打開一扇窗。

# 拿出「棄車保帥」的勇氣

在美國緬因州，有個伐木工人叫巴尼・羅伯格。一天，他獨自開車到很遠的地方伐木。一棵被他用電鋸鋸斷的大樹倒下時，被對面的大樹彈回。羅伯格站在不該站的地方，躲閃不及，右腿被沉重的樹幹死死壓住，頓時血流不止。

面對自己伐木生涯中從未遇過的失敗和災難，羅伯格的第一個反應就是：「我該怎麼辦？」他看到這樣一個嚴酷的現實：周圍幾十英里沒有村莊和居民，10 小時內不會有人來救他，他會因流血過多而死。他不能等待，必須自救 —— 他用盡全身力氣抽腿，但怎樣也抽不出來。他摸到身邊的斧頭，開始砍樹。因但用力過猛，才砍三四下，斧柄就斷了。

羅伯格真是覺得沒希望了，不禁嘆了口氣。但他克制住痛苦和失望。他向四周瞭望，發現不遠處放著他的電鋸。他用折斷的斧柄把電鋸鉤到身邊，想用電鋸將壓著腿的樹幹鋸掉。可是，他很快發現樹幹是斜的，如果鋸樹，樹幹就會把鋸條死死夾住，根本拉動不了。看來，死亡是不可避免了。

在羅伯格幾乎絕望的時候，他想到另一條路，那就是 —— 把自己被壓住的大腿鋸掉！

這似乎是唯一可以保住性命的辦法！羅伯格當機立斷，毅然決然地拿起電鋸鋸斷被壓住的大腿，並迅速爬回卡車，將自己送到小鎮的醫院。他用難以想像的決心和勇氣，成功地拯救

了自己！

人生充滿變數，要做出百分之百正確的選擇是不可能的。有時候，我們甚至會在不經意間與失敗不期而遇。面對失敗，我們又往往會採取習慣性對待失敗的措施和辦法 —— 或以緊急救火的方式補救失敗，或以被動補漏的辦法延緩失敗，或以收拾殘局的方法打掃失敗……雖然這些都是失敗之後十分需要甚至必不可少的，但在形勢危急而又不可避免的險境之下，我們要學會「棄車保帥」。

一位哲學家的女兒靠自己的努力成為聞名遐邇的服裝設計師，她的成功得益於父親那段富有哲理的告誡。父親對她說：「人生免不了失敗。失敗降臨時，最好的辦法是阻止它、克服它、扭轉它，但多數情況下常常無濟於事。那麼，妳就換一種思維和智慧，設法讓失敗改道，變大失敗為小失敗，在失敗中找成功。」是的，失敗恰似一條飛流直下的瀑布，看起來湍湍急瀉、不可阻擋，其實卻可憑藉人們的智慧和勇氣，讓它改變方向，朝著人們期待的目標潺然而流。就像巴尼・羅伯格，當他清楚用自己的力氣已不能抽出腿、也無法用電鋸鋸斷樹幹時，便毅然將腿鋸掉。雖然這只能說是一種失敗，卻避免了任其發展下去會導致的更大失敗，棄車保帥，終於贏得了寶貴的生命。相對於死亡而言，這又何嘗不是一種成功和勝利呢？

面對導致嚴重後果的選擇，你需要的不是悔恨，而是如何盡可能減少損失。

## 歸零開始，從頭再來

上帝把 1、2、3、4、5、6、7、8、9、0 十個數字擺出來，讓面前 10 個人去取，並說：「一人只能取一個。」

人們爭先恐後地擁上前去，把 9、8、7、6、5、4、3 都搶走了。

取到 2 和 1 的人，都說自己運氣不好，得到的很少很少。

可是，有一個人卻心甘情願地取走了 0。

別人說他傻：「拿個 0 有什麼用？」

別人笑他痴：「0 是什麼也沒有呀！要它做什麼？」

這個人說：「從 0 開始嘛！」便埋頭苦幹起來。

他獲得了 1，有 0 便成為 10；他獲得了 5，有 0 便成了 50。他一心一意地努力，一步一步向前，他把 0 加在他獲得的數字後面，便 10 倍 10 倍地增加。

他終於成為最富有的、最成功的人。

有人把「0」看成一無所有，有人把「0」看作虛無空洞，然而，也有人把「0」看成一個可以填滿的空間。古龍評價金庸作品時說：「令狐冲之所以能練成化功大法這個絕世神功，原因是他的丹田裡一點真氣也沒有，是隻空杯子。」看來一無所有並不是壞事，一張白紙正好用來畫最新最美的圖。

山裡住著一位以砍柴為生的樵夫，在他不斷地辛苦建造下，終於完成可以遮風避雨的房子。

有一天，他挑了砍好的木柴到城裡交貨，當他黃昏回家時，卻發現自己的房子起火了。

左鄰右舍都來幫忙救火，但因傍晚的風勢過於強大，所以沒法將火撲滅，一群人只能靜待一旁，眼睜睜看著熾烈的火焰吞噬了整棟木屋。

當大火終於撲滅時，只見這位樵夫手裡拿著一根棍子，跑進倒塌的屋裡不斷翻找。圍觀的鄰人以為他在翻找藏在屋裡的珍貴寶物，所以也都好奇地在旁注視他的舉動。

過了半晌，樵夫終於興奮地叫著：「我找到了！我找到了！」

鄰居紛紛向前一探究竟，發現樵夫手裡捧著一柄斧頭，根本不是什麼值錢的寶物。

樵夫興奮地將木棍嵌進斧頭裡，充滿自信地說：「只要有這柄斧頭，我就可以再建一個更堅固耐用的家。」

人生難免挫折，與其為過去痛悔哭泣，倒不如放眼未來。我們每個人都不會真正輸光，當大火奪去一切時，我們手裡一定還有那把斧頭。

當一個富商賠光所有家產，他傷心欲絕去跳河，這時發現了一個同樣也到河邊哭泣要跳河的婦人。他問婦人：「妳為什麼跳河？」

「我，我被丈夫拋棄了。」

「哦，妳是什麼時候認識妳丈夫的？」

「我是 3 年前認識他的，我們剛結婚一年他就另覓新歡不要我了。」婦人越說越動情，真的要去跳河了。

「哦，妳等等，」富商問：「那 3 年前未遇見他時妳是怎麼活的？沒有他妳就得跳河嗎？」

「哦，3 年前還沒遇見他時，我活得很好，很快樂。」

「是啊，妳完全可以從頭再來啊，只不過 3 年時間，他在妳一生中只占了幾十分之一啊，幹嘛要為 3 年付出那麼多呢？3 年是可以用另一個 3 年挽回的。妳看，3 年前我也是一個到這個城市打拚的流浪漢，我身無分文，可現在我已經是個富翁，妳說是嗎？」

「是啊，謝謝你，我真不知怎麼謝你。」婦人破涕為笑，輕鬆地離開了。

富商勸完婦人後，好像也勸了自己。是啊，3 年前我還不是一無所有嗎！就讓一切歸零開始，從頭再來吧。

他也輕鬆地離開河邊。

昨天所有的榮譽，已變成遙遠的回憶
勤勤苦苦度過半生，今夜重又走入風雨
我不能隨波浮沉，為了我至愛的親人
再苦再難也要堅強，只為那些期待眼神
心若在夢就在，天地之間還有真愛
看成敗，人生豪邁，只不過是從頭再來
……

　　劉歡這首飽含男子氣概的〈從頭再來〉，不知激勵與鼓舞了多少寒夜難眠的傷心人。

　　從頭再來是一種不甘屈服的韌性，是一種善待失敗的人生境界。從頭再來源於你對現實和自己清楚的認知，是對自己的實力的一種肯定，是一種挑戰困難、挑戰自我的勇氣舉動；從頭再來，你要忍受失敗的苦楚，吸取失敗的教訓；從頭再來，你還要堅守心中的信念，相信堅持到底就是勝利；從頭再來是一種希望，是遭遇不測後忠於生命的最好見證。

　　也許正因為有「從頭再來」的精神，八十多年前，67歲的大發明家愛迪生曾踩在百萬資產的廢墟上，面對被大火燒毀的研發工廠，樂觀地說：「現在，我們又重新開始了。」

　　歌德說：苦難一經過去，苦難就變成甘美。其實，每個人的心都好比一顆水晶球，晶瑩閃爍，然而一旦遭到不測，背叛生命的人會在黑暗中漸漸消殞，而忠於生命的人總是將五顏六色折射到生命的每個角落。

　　只要出現一個結局，不管這結局是勝還是敗，是幸運還是厄運，客觀上都是個嶄新的從頭再來。只要厄運打不垮信念，希望之光就會驅散絕望之雲。

　　從頭再來說起來是件輕鬆的事，做起來卻不容易，也不像歌裡唱得那麼容易轉變。可是，一旦擁有的一切化為烏有，除了從頭再來，又有什麼辦法呢？

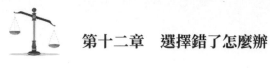

第十二章　選擇錯了怎麼辦

　　儘管很多人認為從頭再來並不意味著豪邁，而更像是出於
無奈。但是，誰能說為無奈找個出路不是個好辦法，不是一種
豪邁呢？記得可口可樂公司的一位總經理頗為豪邁地說過：假
如今天一把大火把可口可樂化為烏有，只要有人在，我們就能
再造一個可口可樂的奇蹟！

　　就讓我們把這從頭再來的豪邁當成一種進步的序曲，掃去
一切失敗的陰霾，讓機會更多地變成無可替換的收穫！

　　失敗之所以讓人痛苦，是因為人太重視它。

歸零開始，從頭再來

電子書購買

國家圖書館出版品預行編目資料

大膽決策，小心選擇：到底要 A 還是 B？別人都在做我該不該跟上？一本書帶你提高「膽商」、擺脫選擇困難，從此人生高效率！/ 溫亞凡，楚風編著 . -- 第一版 . -- 臺北市：崧燁文化事業有限公司 , 2022.10

　面；　公分

POD 版

ISBN 978-626-332-779-5( 平裝 )

1.CST: 決策管理 2.CST: 成功法

494.1　　111015078

## 大膽決策，小心選擇：到底要 A 還是 B？別人都在做我該不該跟上？一本書帶你提高「膽商」、擺脫選擇困難，從此人生高效率！

臉書

編　　　著：溫亞凡，楚風

封面設計：康學恩

發 行 人：黃振庭

出 版 者：崧燁文化事業有限公司

發 行 者：崧燁文化事業有限公司

E - m a i l：sonbookservice@gmail.com

粉 絲 頁：https://www.facebook.com/sonbookss/

網　　　址：https://sonbook.net/

地　　　址：台北市中正區重慶南路一段六十一號八樓 815 室

Rm. 815, 8F., No.61, Sec. 1, Chongqing S. Rd., Zhongzheng Dist., Taipei City 100, Taiwan

電　　　話：(02) 2370-3310　　　傳　　　真：(02) 2388-1990

印　　　刷：京峯彩色印刷有限公司（京峰數位）

律師顧問：廣華律師事務所 張珮琦律師

定　　　價：420 元

發行日期：2022 年 10 月第一版

◎本書以 POD 印製